北方彩叶木本植物应用手册

◎ 冯天爽　姚　飞　主编

中国农业科学技术出版社

图书在版编目（CIP）数据

北方彩叶木本植物应用手册 / 冯天爽，姚飞主编 . —
北京 ：中国农业科学技术出版社，2018.6
ISBN 978-7-5116-3753-6

Ⅰ. ①北… Ⅱ. ①冯… ②姚… Ⅲ. ①木本植物—
中国—手册 Ⅳ. ① S717.2-62

中国版本图书馆 CIP 数据核字（2018）第 120268 号

责任编辑　李　雪　徐定娜
责任校对　李向荣

出 版 者　中国农业科学技术出版社
　　　　　北京市中关村南大街 12 号　邮编：100081
电　　话　（010）82105169（编辑室）（010）82109702（发行部）
　　　　　（010）82109709（读者服务部）
传　　真　（010）82109707
网　　址　http://www.castp.cn
发　　行　全国各地新华书店
印 刷 者　北京建宏印刷有限公司
开　　本　710 mm × 1 000 mm　1 /16
印　　张　10.5
字　　数　153 千字
版　　次　2018 年 6 月第 1 版　2018 年 6 月第 1 次印刷
定　　价　68.00 元

《北方彩叶木本植物应用手册》
编写人员

主　　编　冯天爽　姚　飞

副 主 编　王　浩　伍红见　张正振　杜贞星　杨清清

参编人员　（按姓氏笔画排序）

王　浩[1]　王书红[2]　王文学[10]　冯天玉[3]
冯天爽[2]　伍红见[4]　乔德奎[11]　杜贞星[5]
张正振[6]　杨清清[7]　姚　飞[8]　赵建松[2]
魏延明[9]　谢　姣[2]

图片提供　（按姓氏笔画排序）

王书红　冯天玉　冯天爽　乔德奎　张正振
姜　明　赵建松　魏延明

书稿核校　金莹杉

参编人员所在单位名称如下（按序号顺序）：

1. 北京市朝阳区团结湖公园
2. 北京市黄垡苗圃
3. 北京长子营顺发苗圃
4. 北京市丰台区万芳亭公园
5. 北京市西城区绿化服务中心
6. 甘肃省白银市平川区林业局
7. 北京市丰台区南苑绿化队
8. 北京市西山试验林场
9. 山东省日照世枫园林
10. 北京市百望山森林公园
11. 北京馥裕农业科技有限公司

前　言
PREFACE

首都北京率先开展“增彩延绿”工程来建设美丽北京、生态北京，这一工程目标实现的两大支柱，一个是植物材料，另一个就是栽培技术。从近几年的植物市场发展趋势上看，彩色植物在园林中的应用越来越广泛。目前，北京一些重大工程、重要景点都以大规格彩色树种为主景观，彩色植物为大美北京、生态城市发挥着越来越重要的作用。彩色木本植物将会为北方尤其是北京的生态建设以及林业的发展带入一个新的发展阶段。

国际上，彩色木本植物育种的品种越来越多，引入国内应用也日益增多。如何鉴别这些植物，正确地选择自己喜爱或是需要的植物类型，了解栽培环境与措施，在应用上更好地发挥其观赏价值，以满足人们日益增长的生活需要和观赏需求，是园林工作者应关注的问题。

编者疏理了近些年在北方引种应用的适应性强、观赏性好、栽培技术成熟的彩色木本植物 145 种，其中乔木 101 种（包括 11 种彩色常绿乔木植物，90 种彩色落叶阔叶乔木植物），灌木 44 种（包括 6 种彩色常绿灌木植物，38 种彩色落叶灌木植物）。本书从植物的生物学特性、适栽区域、栽培特点、应用配置等方面予以简述，以方便读者直观识别和应用。

因树种较多，图文量较大，编写时难免有疏漏之处，欢迎广大同行及爱好者批评指正。

本书的出版得到所有参编者的鼎力相助，收集整理了大量的图文资料以及责献了丰富的经验知识，对编写人员的付出以及敬业精神表示敬佩与感谢！同时，本书也得到广大领导、同行、同事、朋友以及出版社的大力支持与协助，并给予宝贵的意见、建议，在此也一并表示感谢！感谢北京市园林绿化局科技处卢宝明处长、种苗站姜英淑站长、中国林业科学研究院孙振元老师、北京农学院窦德全老师、辽宁海城姜明老师、北京温泉苗圃袁启华工程师等的指导与大力协助！感谢北京市温泉苗圃、山东世丰农业有限公司、河北霸洲绿珑苗圃等单位领导与相关同志们的支持。特别感谢中国农业科学技术出版社李雪老师给予的指点、建议与大力支持，感谢出版社的编辑同志的辛苦付出，在此致以深深谢意！同时，对所有为此书作出贡献但未提及的单位、老师们表示衷心的感谢！

主编　冯天爽　姚　飞

2018 年 3 月

CONTENTS 目　录

一、常绿乔木类

二、落叶乔木类

三、常绿灌木类

四、落叶灌木类

一、常绿乔木类

松科　云杉属

1. 科罗拉多蓝云杉　*Picea pungens* f. glauca

生物学特性　原产美国科罗拉多洲。常绿高大乔木，干性直，株高可达30~40米。叶霜蓝色，色彩亮丽稳定。树形金字塔状，层次较分明，树形美观，树姿优美，四季可赏。适应性强，性喜湿润气候，喜松软腐殖质土壤。抗性强，耐干旱、耐寒、耐贫瘠、耐干热天气，在稍碱性土壤中可以正常生长。

适栽区域　北方地区，可在最低温度约 -25℃的区域种植。

栽培要点　（1）播种繁殖易变异，幼时稍绿色，幼苗期易遮阴防晒，一般起宽垄栽培，夏季搭遮阳网，易施腐殖质肥料。稍大时进行选优定植。一般生长高度至 50cm 以上后可自然越冬。（2）多为嫁接繁殖，以蓝杉播种苗或红皮云杉为砧木，粗度达到 1cm 时即可进行，以髓心形成层法嫁接，早春进行。（3）扦插法以夏季6月进行，选 2~3 年生枝条为接穗，以 ABT 及 NAA 混合液 500mg/L 浸根 5min 扦插，3 个月可生根。（4）移植以早春、晚秋及雨季均可栽植，种植区域忌水涝。（5）蓝杉生长较慢，光照对叶色着色起到很重要作用，栽培或应用时注意要有充足的光照条件。可孤植、群植、列植。

应用配置　可应用于公园、小区、街头等绿化节点及公共场所。宜与绿色草坪搭配。

2. 蓝粉云杉 *Picea pungens* Englm. f. gluca (Regel) Beissn.

生物学特性 常绿乔木，干性较强。株高 9 米，冠幅 6 米，树形宽塔状近圆形，结构紧凑，树形美观。新叶霜蓝色，老叶稍绿色，色彩亮丽稳定，四季可赏。适应性强，性喜湿润凉爽气候，喜松软腐殖质土壤。抗性强，耐干旱、耐寒、耐贫瘠、耐干热天气，在微碱性土壤中可以正常生长。

适栽区域 北京地区有引种。

栽培要点 （1）生产上常以嫁接方式进行繁殖。亦可扦插繁殖，方法参考科罗拉多蓝杉。（2）移植时于早春、晚秋及雨季匀可栽植。（3）忌水涝，栽培区域注意排水。（4）植株冠幅宽大，栽培时注意株距要大。（5）喜光，栽培或应用时需保障有充足的光照条件可提高观赏性。（6）可孤植、群植、列植。

应用配置 可应用于公园、小区、街头等绿化节点及公共场所。宜与绿色草坪及开花小灌木搭配。

（图片摘自　郭成源　王海生　侯鲁文等《彩叶园林树木 150 种》）

3. 垂枝蓝云杉 *Picea pungens* “dangle”

生物学特性 常绿乔木，干性较强，株高9米，冠幅3~6米，树形呈尖塔状，枝条微向下垂，树形美观，叶色灰蓝色，叶色稳定，四季可赏。适应性强，性喜湿润凉爽气候，喜松软腐殖质土壤。抗性强，耐干旱、耐寒、耐贫瘠、耐干热天气，在稍碱性土壤中可以正常生长。

适栽区域 北方地区，可在最低温度约 -25℃的区域种植。

栽培要点 （1）嫁接或扦插繁殖，方法参考第1页：科罗拉多蓝杉。（2）移植时间以早春、晚秋及雨季为宜。（3）忌水涝，栽培区域注意排水。（4）可孤植、群植、列植。

应用配置 可应用于公园、小区、街头等绿化节点及公共场所。宜与绿色草坪、开花小灌木以及高大绿色乔木搭配。

4. 胡普斯蓝云杉 *Picea pungens* “hoopsii”

生物学特性 常绿乔木，干性较强，株高10~15米。树形宽金字塔状，叶色灰蓝色，叶色稳定，四季可赏。适应性强，性喜湿润冷凉气候。喜松软腐殖质土壤。抗性强，耐干旱、耐寒、耐贫瘠、耐干热天气，在稍碱性土壤中可以正常生长。

适栽区域 北京及以南地区种植。

栽培要点 （1）可扦插或嫁接繁殖。（2）移植于春、秋或雨季进行。（3）忌水涝，种植区域注意排水。（4）可孤植、群植、列植。

应用配置 可应用于公园、小区、街头等绿化节点及公共场所。宜与绿色草坪及高大乔木搭配。

柏科　柏木属

5. 蓝冰柏　*Cupressus glabra* “Blue Ice”

生物学特性　原产美国，常绿乔木，干性直，最高可达12m以上。全株鳞叶无刺叶，叶霜蓝色。幼时树体圆柱形，窄冠，枝叶紧凑，长大后树体枝条逐渐开张、松散。蓝冰柏树姿优美，色彩亮丽，四季色彩差别不大，观赏效果极佳。适应性强，耐干旱、耐寒、耐贫瘠、耐北京干热天气，不耐春风、冬季干燥天气。在碱性土壤中可以正常生长。

适栽区域　北京、甘肃、辽宁的大连市等地区能栽培。可植于林下、山区背风坡脚、楼侧荫凉背风处。

栽培要点　（1）可嫁接繁殖。嫁接时以侧柏为砧木，可于冬季12月进行，于砧木上嫁接后以湿沙假植，置于双层拱棚内促愈合，注意保湿，初春注意遮阳防晒，愈合好后可移植下地栽培。亦可于4月嫁接，直接于陆地上砧木进行嫁接，注意遮阴保湿，注意防雨。（2）扦插选择半木质化枝条，于5~6月进行，选粗度0.5cm以上枝条为插穗，以ABT及NAA混合液500mg/L浸根5min扦插，遮阴条件下3个月可生根。（3）移植时宜于春季进行栽培，第一年越冬可卧土防寒，次年越冬注意防风、遮阴防护。（4）性喜湿润冷凉气候，北京地区冬季不休眠，秋后生长量大，幼枝木质化程度低，大田种植春季易抽条。北京于背风荫凉处栽植可露地越冬，不宜采用包裹等防寒措施。（5）修剪注意保留一小段桩。

应用配置　可用于公园、小区、街头与其他高大乔木混栽绿化，宜与阔叶绿植等搭配。

单株

群植

雄球花

蓝冰柏雌球果

群植

（图片来源：httpblog.sina.com.cnsblog_140cc682b0102vb6y.html）

6. 香冠柏 *Cupressus macroglossus Hartweg.* cv. “Goldcrest”

生物学特性 常绿小乔木。主干细直，冠圆锥形。枝叶紧密，春季新叶金黄，夏季叶色黄绿，有特殊香气。喜冷凉环境，稍耐高温，喜光忌夏季暴晒。喜沙质壤土忌涝。病虫害少，观赏性强。宜群植、列植。

适栽区域 北京及以南地区。

栽培要点 （1）播种繁殖或扦插繁殖。（2）移植宜春季或秋末冬初进行。（3）栽培易选择沙壤土，排水良好地段。（4）做好除草、排涝等养护工作，防止下层枝叶干枯形成秃腿。

应用配置 可应用于公园、小区、街头绿地，宜置于阔叶乔木前景，亦可与小型开花灌木搭配。

柏科　刺柏属

7. 樱桃圆柏　*Juniperus monosperma* Sarg.

生物学特性　也称北美樱桃圆柏，广泛分布于产北美暖温带至亚热带地区，常绿乔木，树高可达 18m。叶色淡蓝色，冬季呈灰色。树形圆椎形，枝条开张柔软，树姿优美。观赏性强。适应性强，喜光照充足环境，适宜于多种土壤上栽培。生长快，病虫害少。适宜列植、群植。

适栽区域　在北京、内蒙古自治区、辽宁等地均可栽培。

栽培要点　（1）可播种、扦插、嫁接繁殖。（2）移植宜于早春、晚秋或雨季进行。（3）冠幅宽大，栽培时注意株行距适宜，形成通风透光环境。

应用配置　宜公园、绿地应用。可与石、隅角、宿根地被搭配。

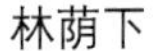

林荫下

室内小苗

8. 落基山圆柏—蓝色天堂 *Juniperus scopulorum* "blue sky"

生物学特性　为落基山圆柏的栽培变种。常绿针叶乔木，株高15~16m。冠幅1~1.5m，树形直立，树冠尖塔形，枝条发散不规则，野趣十足。树皮灰褐色，常有薄片状纵裂。枝叶浓密，柔软，小枝密布鳞叶成圆柱形，叶微蓝色，鳞叶先端圆钝，交互对生，鳞叶芳香，一年四季叶色稍有变化。适应性强，耐寒、耐旱耐盐碱、耐瘠薄，病虫害少。

适栽区域　北京及以南地区。

栽培要点（1）扦插繁殖。（2）栽培于沙质壤土地段，注意排水。（3）喜光，宜植于阳光充足环境。

应用配置　石边、路边、林缘应用。宜与深色植物搭配。

柏科　圆柏属

9. 蓝剑柏　*Sabina scop* “blue arrow”

生物学特性　原产欧洲，常绿小乔木，干直立，树冠极窄，枝条紧凑向上，使树体呈剑形，树体挺拔优美，新叶色呈霜淡蓝色，老叶稍绿，四季可赏。性喜湿润冷凉气候。耐干旱、耐寒、耐贫瘠、耐干热天气，北京春天不耐春风。在碱性土壤中可以正常生长。喜排水良好，忌涝。年生长量达30~50cm。越冬时注意防风，稍大时可自然越冬。冠特窄，更适合列植。

适栽区域　北京以南地区。宜选择背风处种植。

栽培要点　（1）扦插、嫁接繁殖。（2）移植宜于春季进行。（3）栽培地段注意排水。（4）越冬时注意防风遮阴处理。可混植降低管护成本。

应用配置　公园造型区。宜与草坪或浅色植物搭配。

10. 金蜀桧 *S. Komarovii* (Florin) Cheng et W. T. Wang

生物学特性 小乔木，成年苗高度在5~6m，树冠呈宝塔形。叶色春夏秋三季均为亮丽的金黄色，冬季叶片呈黯淡的咖啡色，观赏性强。

适栽区域 范围极广，北京、辽宁、内蒙古自治区、宁夏回族自治区等地均可栽培。

栽培要点 （1）扦插、嫁接繁殖。（2）喜光、耐寒、耐旱性强，种植时需要阳光充足，排水良好地段。

应用配置 适于道路两旁、花园、庭院等点缀、片植、孤植、盆栽造型等。

蔷薇科　石楠属

11. 红叶石楠　*Photinia×fraseri* “Red Robin”

生物学特性　原产日本，为蔷薇科石楠属常绿小乔木，株高可达 4~6m。小枝灰褐色，无毛。叶革质，长椭圆形至倒卵披针形，新生叶红色，老叶夏季转绿。小花白色，梨果球形 5~6mm，红色或褐紫色。适应性强，耐 -20℃左右低温，喜光照，喜温暖湿润气候，耐阴，耐修剪，耐土壤瘠薄，稍耐盐碱。适宜群植、列植、或形成色带应用。

适栽区域　北京及以南地区适宜栽种。北京地区植于背风向阳环境。

栽培要点　（1）扦插、嫁接繁殖。（2）宜春季移植。（3）喜光，宜植于阳光充足地段，对叶色及生长有益。（4）喜微酸至中性疏松土壤，可适时施肥促进生长。（5）秋季注意控水，不修剪，防止新芽抽生，造成冬季抽条。（6）在大田栽培或常规环境下越冬应加设风障，根部可采用植物覆盖技术防护。

应用配置　可应用于公园、街头、庭院。

红叶石楠乔木栽培

整形的红叶石楠

球形石楠应用

二、落叶乔木类

槭树科　槭属

红花槭系列品种

红花槭原产于北美，主要分布在加拿大和美国，因此亦称美国红枫、北美红枫、加拿大红枫。红花槭为落叶小乔木，花红色，先花后叶，在北京4月初，红花槭满树红花，甚是美丽，红花槭也是因此而得名。

12. 秋火焰　*Acer rubrum* “Autumn Flame”

生物学特性　红花槭改良品种，大乔木，树高12~15米。树干直立，干色灰白，干皮光滑。冠呈长椭圆形至塔形。掌状单叶对生，茂密，叶片大，纸质，春叶叶色浓绿，秋叶叶色由橙黄变橘红变鲜红。观赏效果极佳。变色期较长。喜偏酸性肥沃土壤。喜水，喜冷凉气候，秋季变色期温差大对变色效果明显。可群植、列植、孤植。

适栽区域　北京、内蒙古自治区、甘肃、辽宁等地均可栽培。

栽培要点　（1）播种变异率大，一般扦插或嫁接繁殖。扦插繁殖时，以秋末木质化程度好的枝条剪取一年生小段，沙藏。苗床整平素土，上铺5cm左右的珍珠岩，扦插时直插入土3cm左右。灌溉。苗床上罩膜，保持温度28~32℃，湿度95%，每周杀菌一次。40d左右生根。60d可移植。（2）小苗第一年移栽后，冬季易抽条，一般根部培土，干涂白后缠草绳越冬。1~2年后适应性增强，即可自然越冬。（3）秋季注意控水，防止徒长，影响木质化程度。（4）加强土壤改良及肥料供给，增施农家肥，保持土壤中性或偏酸性程度，如偏碱，可以$FeSO_4$改良。（5）加强病虫害防治。

应用配置　宜做背景树、前景观赏树、行道树。可应用于公园、街头、庭院。与小型开花灌木搭配使用。

夏季叶色及株形

秋季叶色

红花槭—花

（摘自荷兰 VAN DEN BERK 苗圃图册）

13. 红点　*Acer rubrum* “Red Pointe”

生物学特性　树高 12~15 米。冠宽塔形，春季新梢微红，夏季老叶绿色，秋后叶色由橙红变紫红色，树体上下层叶片因光照影响，着色不同，光照越强，紫色越强烈。

栽培要点　参考“秋火焰”品种。

应用配置　宜做背景树、前景观赏树、行道树，群植、列植观赏效果更好。

适栽地区　北京、内蒙古自治区、甘肃、辽宁等地均可栽培。

14. 仙娜格林 *Acer rubrum* "Sienna Glen"

生物学特性　树高 12~15 米。树冠塔形，春天叶色绿，秋天变为锈橙色到深紫红色。适应性强，耐湿耐寒，抗病害能力强。其他参考"秋火焰"品种。

栽培要点　参考"秋火焰"品种。

应用配置　参考"秋火焰"品种。

适宜推广地区　北京、内蒙古自治区、甘肃、辽宁等地均可栽培。

15. 索美赛 *Acer rubrum* “Somerest”

生物学特性 红花槭品种。冠椭圆形，萌芽较早，花期 4 月上旬，新叶黄绿略带红色，秋季变为亮红色，变色期一致，秋色持久，适应性较强，是美国改良红枫系列品种中表现较好的品种之一。

适栽区域 北京及以南地区均可栽培。

栽培要点 参考“秋火焰”品种。

应用配置 参考“秋火焰”品种。

16. 酒红 *Acer rubrum* “Brandy Wine”

生物学特性　发芽略晚，约3月下旬开始萌动，花期4月上旬，春天叶色中绿，秋季变为黄橙色到红橙色。秋天叶色红艳明亮，秋色持久。树冠整洁，生长较快，适应性强，耐湿耐寒，抗病害能力强。

适栽区域　北京及以南地区均可栽培。

栽培要点　参考“秋火焰”品种。

应用配置　参考“秋火焰”品种。

17. 十月光辉 *Acer rubrum* "October Glory"

生物学特性 萌芽3月中至下旬，花期4月中旬，叶片春夏绿色，秋季橘红色，色彩明亮，10月中旬进入最佳观赏期，是红花槭中变色最晚的一个品种。

适栽区域 北京、辽宁、甘肃等地区。

栽培要点 参考"秋火焰"品种。

应用配置 宜做背景树、前景观赏树、行道树，群植、列植观赏效果更好。

银白槭系列品种

亦称糖槭。落叶大乔木，速生，干直，皮色浅，光洁，树体高大，冠椭圆形，秋叶黄色至橙黄或橙红，雄伟壮丽。

其叶掌状5裂，正面亮绿色，背面银白色，故名银白槭。

18. 银白槭（原种） *Acer saccharinum*

生物学特性　叶片较小，叶柄细长，长度可达10~15cm，风吹过时叶片来回翻转，摇曳的白色叶片如灵动的波纹，秋季叶色橙黄至火红，很具观赏性。喜光照，上层叶色因光照先变色。喜温暖湿润气候。土壤要求中性至微酸性。树体内含糖分高，可制糖。

适栽区域　北京、内蒙古自治区、甘肃、辽宁等地均可栽培。

栽培要点　（1）可播种繁殖。（2）种植于微酸性或中性排水良好土壤。（3）秋季灌溉不宜过大，以防次年春季抽条。（4）病虫害易受天牛为害，须加强防治。

应用配置　宜做背景树、观赏树、行道树，群植、列植、孤植均可。

19. 青翠山　*Acer saccharinum* "Green Mountain"

生物学特性　银白槭品种，夏季叶色青绿，秋季叶色变成橙红，叶色亮丽，很具观赏性。适应性强，适合多种土壤栽培。生长快，栽培成多杆型，树体庞大，孤植观赏效果更佳。

适栽区域　北京、辽宁等地均可栽培。

栽培要点　（1）播种繁殖。选变色优良性状好的植株进行栽培。（2）嫁接。以原种为砧木，进行品种嫁接。（3）可修剪成多头栽培，观赏性亦强。（4）加强病虫害防治。

应用配置　宜做背景树、观赏树、行道树，群植、列植、孤植均可。孤植以草坪中点缀。树体高大，可作背景树，前景为各种开花灌木。

（摘自荷兰 VAN DEN BEAK 苗圃图册）

20. 银皇后 *Acer saccharinum* “Silver Queen”

生物学特性　银白槭选优品种，高大挺拔，秋季变色效果好，夏季浓绿，秋色金黄，后微红色。观赏性更强。适应性强，耐寒、耐旱、耐瘠薄，对土壤要求不严。

适栽区域　北京、内蒙古自治区、甘肃、辽宁等地均可栽培。

栽培要点　参考“银白槭”品种。

应用配置　宜作背景树、前景观赏树、行道树，群植、列植观赏效果更好。

（摘自荷兰 VAN DEN BEAK 苗圃图册）

银红槭—自由人系列品种

为银白槭与红花槭杂交而来，兼具了银红槭的秋红色叶、红花的优良特性，同时具有银白槭的速生高大性状。目前国内常用品种称为自由人槭，经选优有几个品种，其树体高大，干直体白，生长快，秋红色亮，持续时间长，性状表现优良。

21. 自由人秋火焰 *Acer freeman* “Autumn Blaze”

生物学特性 秋季叶色变成火红，变色稳定，树体高大略呈柱状。适应性强，生长快，喜冷凉气候，喜水，宜种植于沙性肥沃土壤中，有利于植物延长观赏期，增强观赏效果。

适栽区域 北京、辽宁、甘肃等多地均可栽培，尤喜海洋气候。

栽培要点 （1）嫁接繁殖。（2）改良土壤对植物生长及变色更为有利。（3）加强防治病虫害。

应用配置 列植、群植、行道树。因树体高大可为背景树，亦可为观赏树。可置于坡前、公园、街头、庭院，观赏效果颇佳。与小型开花灌木或常绿植物搭配使用。

挪威槭系列品种

原产挪威，故称挪威槭。喜冷凉气候，忌干燥气候，干热暴晒易焦叶。叶掌状5裂，裂浅，叶片肥大，纸质较薄，树冠大，冠宽卵形至柱形。一般生长均较快。

22. 红国王 *Acer platanoides* “Crimson King”

生物学特性 高大落叶乔木，干性强，主干通直。冠宽卵形。新叶绛红色，夏季叶色变深红，下层叶片因光线不足成为青绿色。花红色，4月中旬开放，黄蕊，翅果5月红色。秋季叶由深红变锈红最后变橙红。适应中性及微酸或微碱性土壤。耐寒性强，耐 -35℃左右低温。可列植、群植、孤植。

适栽区域 北可至辽宁、内蒙古自治区等地。

栽培要点 （1）嫁接繁殖，北京以元宝枫为砧木，亲合力强，提高挪威槭适应性。（2）移植以春季为宜。（3）种植区选择稍阴环境或与其他高大乔木混栽，可起到保护作用。同时加强水肥管理，秋季控水。（3）种植后树干易涂白防止强光西晒，造成裂干。（4）夏季雨季高温高湿下易发生霉菌，严重时叶片有霉斑，干皮出现黑色斑点，似溃疡，日常加强营养及栽培管理以增强树势，严重时要喷施菌剂防治。另需重点防治天牛等蛀干性害虫为害。（5）冬季防寒无须特殊措施防护。

应用配置 与草坪搭配应用。做前景树观赏时，背景树易选择高大绿色如毛白杨、银白槭等。

树

花

果

23. 戴博拉 *Acer platanoides* "Deborah"

生物学简介 高大落叶乔木，干性强，主干通直，冠宽卵形。春叶绛红色，夏季叶色渐转绿，新梢叶片绛红色，秋后叶色由绿色成深红再橙红色至锈红色。适应性强，喜中性及微酸土壤，耐微碱性土壤。耐寒性强，耐 -35℃左右低温。喜冷凉气候，喜阳耐阴，忌强光干燥环境。生长量大。可群植、列植，作为于行道树、风景树等应用。

适栽区域 北方均可栽培。

栽培要点 （1）嫁接繁殖，北京以元宝枫为砧木亲合力强，提高抗性。（2）种子繁殖时当年不出土。（3）移植于春季为宜，种植区域易选择背风稍阴处。经观测在有蔽阴条件下较强阳下栽培，植物可晚落叶 10 余天。

应用配置 夏季深绿，宜为背景树、行道树，前置各色开花植物或低矮浅色彩叶苗木。

夏季

秋季

24. 花叶挪威槭—夏雪 *Acer platanoides* “drummondii”

生物学特性　树体高大舒展。干直冠宽。叶片绿色，边缘呈不规则白边，枝叶茂盛，夏季整树亭亭如盖，似六月降雪，十分壮观美丽。喜冷凉湿润气候，忌炎热干燥环境。可多种土壤上栽培。耐寒性强。孤植，或列植、群植。可为独景树、行道树。

适栽区域　北京、辽宁等北方大部均可栽培。

栽培要点　（1）嫁接繁殖。（2）春季移植，小苗时宜选择水分充足、环境凉爽或有降温设施地方栽培。（3）初移植后涂白干部，防止强光西晒造成裂干。（4）修剪注意保留中央领导干。

应用配置　可应用于街道、公园、庭院。宜为前景树观赏，或于草坪中使用。

复叶槭系列品种

原产美国。落叶乔木，高达20多米，小枝无毛，枝条绿色具白粉，干皮浅纵裂纹，细密干净，黄白皮色。掌状三出复叶，有锯齿。花丝白色或粉色，长5cm左右，花药下垂。冠圆至广卵形。

25. 金花叶 *Acer negundo* "Aureo variegatum"

生物学特性 初生叶粉红，后叶色转绿，呈绿芯金黄色边缘，秋叶黄色。适应性强，适应多种土壤上栽培。喜冷凉气候，喜水忌涝，抗旱，夏季长期干燥炎热时易焦叶。耐寒，适应-35℃左右低温。

栽培要点 （1）扦插或嫁接繁殖，嫁接以复叶槭播种苗为砧木。（2）移植以春季为宜，发芽前进行。（3）小苗不耐涝，小苗长期处于积水中易烂根而死亡。（4）夏季栽培时焦叶，可补水或降温处理。注意防西晒。（5）秋后注意控水，水大易造成春季新枝抽条。（6）越冬无须防寒。小苗可结合春季移植工作，以假植越冬。（7）易受美国白蛾侵害，加强防治即可。

应用配置 可应用于公园、街道。种植于草坪中点缀或与其他低矮地被搭配。

26. 银花叶 *Acer negundo* "Aureomarginatum"

生物学特性 高大乔木，冠大浓荫，叶色绿色叶缘白色不规则变化，盛夏远观如同下雪，非常壮观。其他可参考"金花叶"品种。

适栽区域 北方均可栽培。

栽培要点 （1）扦插或嫁接繁殖。（2）栽培宜选择阴凉处，大田可于高温干热季节补水降温。（3）易受美国白蛾或天牛为害，须及时观测加强防治。

应用配置 可植于公园、街头绿地、行道树等。宜山区种植。

27. 粉花叶火烈鸟 *Acer negundo* “Flamingo”

生物学特性 大乔木，冠塔形，枝条角度开张。春季叶片稍红色，随着叶片增大，色彩变淡，边缘呈淡粉色，强光下叶色发白，5—7月为最佳观赏期。有时枝条有返祖现象，使叶片全绿。夏末易焦叶，导致落叶早。雌株，有结实，种子多不育。

适栽区域 北可至辽宁、吉林等地。

栽培要点 （1）嫁接繁殖。（2）宜春季移植。秋后移植应浇足水，有时春季稍抽条，注意修剪。（3）喜阳忌夏季暴晒，北京地区8月干热天气焦叶，注意降温加湿。秋季注意控水。（4）越冬无须防寒。（5）修剪宜疏除侧枝，主干不能短截，侧枝短截后，枝条分生角度大，易形成偏冠。

应用配置 混植或于大乔木东北侧稍阴凉处种植。

28. 红叶触感　*Acer negundo* “Sensation”

生物学特性　高大乔木，幼枝暗红色，老干黄色。新叶绿色微红，老叶浓绿，秋季 10 中下旬始变色，叶色红亮，观赏性强。其他请参考复叶槭“金花叶”品种。

适栽区域　北至辽宁、吉林等地均有栽培。

栽培要点　嫁接、扦插繁殖。

应用配置　可用于行道树、公园、绿地。可与常绿乔木搭配使用。

29. 复叶槭—金叶 *Acer negundo* “Auratum”

生物学特性 复叶槭变种，干皮细，干直。冠圆。春季叶色金黄，夏季嫩黄或黄绿色，秋季橙黄色。雄株，花期4月，花序下垂，红药黄丝，有如马鞭，异常美丽。喜冷凉气候，立秋后有时焦叶，注意补水降温增加空气湿度。

适栽区域 北至东北黑龙江南部均有栽培。

栽培要点 （1）嫁接繁殖。（2）秋季适当控水，防止春季抽条。（3）修剪时注意疏除侧枝，不能截断主干。（4）易招美国白蛾或蛀干害虫，注意防治。

应用配置 可用于公园、街道绿地。

春色

秋色

花序

30. 金叶复叶槭—多情 *Acer negundo* “Sensation”

生物学特性 金叶复叶槭的变种，新梢微红色，随生长渐呈黄色，其他请参考“复叶槭—金叶”品种。

适栽区域 辽宁有栽培。

栽培要点 参考“复叶槭—金叶”品种。

应用配置 可用于公园、街头绿地、行道树，亦可用于庭院种植，应用时注意虫害防治。

元宝枫系列品种

槭树科落叶乔木，为中国传统秋季红叶观赏植物，也有秋季变黄色或红色。树高 8~10m，树皮纵裂。花黄绿色，花期 5 月，果期 9 月，翅果有如元宝。树姿优美，冠圆，叶形秀丽，嫩叶红色，秋叶有黄色或红色。

31. 元宝枫 *Acer truncatum*

生物学特性 小乔木，喜冷凉气候，多山区种植。干软，幼时弯曲，皮质软厚，黄色。芽对生，初叶红或黄红，秋叶红色或金黄色，叶色变化与日夜温差有关系大，差值大则变色效果显著。弱阳性树种，浅根，喜冷凉气候，耐半阴、耐寒、较抗风，不耐干热和强烈日晒，不耐涝。

适栽区域 北至辽宁、唐山等地。北京多山区栽培。

栽培要点 （1）播种繁殖。（2）移植易浅栽，春季进行。（3）幼时可平茬促使第二年生长成直立粗壮主干，或绑缚直杆。（4）夏季加强排水，防止水涝。（5）及时修剪，提升主干分枝高度，防止偏冠。

应用配置 公园、街头、庭院均可栽培。与常绿乔木或地被类植物搭配使用。

秋季

叶片颜色

翅果

（图片摘自网络 http://tupian.baike.com/a3_23_76_20300000929429131096768180174_jpg.html）

32. 元宝枫—丽红 *Acer truncatum* “Lihong”

生物学特性　元宝枫选优品种，秋季叶色呈亮丽的血红色。其他请参考“元宝枫”品种。

适栽区域　北方平原栽培。

栽培要点　（1）嫁接繁殖，以元宝枫为砧木，春季4月萌动时进行。（2）嫁接后及时修剪，促进接体与砧木生长牢固。及时去除萌蘖。（3）其他请参考“元宝枫”品种。

应用配置　参考“元宝枫”品种。

33. 元宝枫—艳红 *Acer truncatum* "Yanhong"

生物学特性 元宝枫选优品种，秋季叶色颜色稍深，变色期稍晚。其他请参考“元宝枫—丽红”品种。

适栽地区 北方大部分地区。

栽培要点 参考“元宝枫—丽红”品种。

应用配置 参考“元宝枫”品种。

34. 元宝枫—金丽　*Acer truncatum* “Jinli”

生物学特性　元宝枫实生苗变种，春季叶片金黄，夏季叶色转绿，但叶色较普通元宝枫叶色淡。秋季叶色转红。其他请参考“元宝枫”品种。

适栽区域　北京多栽培，北可至辽宁等地。

栽培要点　(1) 嫁接繁殖。(2) 宜植于阳光充足地段，忌荫蔽处种植。(3)其他请参考“元宝枫”品种。

应用配置　参考“元宝枫”品种。

35. 血皮槭 *Acer griseum*

生物学特性 槭树科落叶乔木，皮色暗红，如白桦般片层状脱落，生长较慢，叶三裂，有细毛，秋叶红色，10月下旬始变色，落叶晚，观赏期长，病虫害少，抗性强，是优良的秋红色叶植物和观秆类植物。喜水喜疏松土壤。适应性强，在北京能自然越冬、越夏无焦叶、冬季无冻害等不良现象。

适栽区域 北京、辽宁等地均可。

栽培要点 （1）播种繁殖。（2）扦插繁殖，于6月进行扦插在高温高湿环境可生根，幼苗期生长较慢，需加强水肥管理（3）喜水喜光，种植选择光照好的地段，利于秋季变色观赏。（4）注意修剪，疏通冠内枝条，通风透光，防止偏冠。

应用配置 可孤植、片植、列植。可种植于水边、石边。

36. 欧洲血红枫　*Acer palmatum* “bloodgood”

生物学特性　鸡爪槭变种，原产美国，叶片肥厚、生长较快，适应性更强。三季红叶，观赏性更强。

适栽区域　北京、辽宁等地均可。

栽培要点　（1）稼接繁殖，以青枫为砧木。较能抗旱、耐寒、耐盐碱、耐贫瘠，于北京越冬越夏状态良好，可自然越冬。生长缓慢，喜冷凉湿润气候，秋末时需注意控水，注意水肥管理，栽培时及时去除萌蘖。

应用配置　宜植于阳光充足地段。可孤植、片植、列植。可于石搭配使用。或置于屋角。可应用于公园、庭院。

37. 青榨槭 *Acer davidii*

生物学特性 落叶乔木，中国种，分布于海拔 1 000 米以上的疏林中。干直，树皮光滑，棕色白纵条纹，叶背有疏毛，秋叶黄色微红，冠伞形，观赏性强。

适栽区域 北方大部分地区均可栽培。

栽培要点 （1）其适应性强，抗性强，栽培较易。（2）顶端优势不强，幼树干柔软易弯曲，栽培时需加立杆或平茬养干。（3）播种及扦插繁殖。

应用配置 可公园、街头、庭院栽培。应用于林缘或草坪上点缀。

38. 青榨槭—乔治弗瑞斯 *Acer davidii* “george forrest”

生物学特性 青榨槭变种，国外育种。干为棕褐色花白条纹相间。其他请参考“青榨槭”品种。青榨槭变种特点为干呈紫棕色白纵条纹相间。

适栽区域 北方大部分地区均可栽培。

栽培要点 （1）适应性强，抗性强，栽培较易。（2）顶端优势不强，幼树干柔软易弯曲，栽培时需加立杆或平茬养干。（3）播种及扦插繁殖。

应用配置 可公园、街头、庭院栽培。应用于林缘或草坪上点缀。

39. 葛罗槭 *Acer grosseri*

生物学特性 落叶乔木，中国种，分布于海拔 1 000 米以上的疏林中。干直，树皮光滑，绿色白纵条纹相间。叶背有疏毛，秋叶黄色微红，观赏性强。适应性强，耐多种土壤类型。宜植于阳光充足地段。抗性强，病虫害少。可孤植、片植、列植。

适栽区域 北京、辽宁等地均可栽培。

栽培要点 （1）播种或扦插繁殖。（2）幼苗期，干柔软易弯曲，栽培时需加立杆辅助直立或平茬养干。（3）加强修剪，修掉顶芽附近侧枝，培养主干。

应用配置 可用于公园、街道、庭院绿化。可作行道树应用。宜与低矮地被应用。

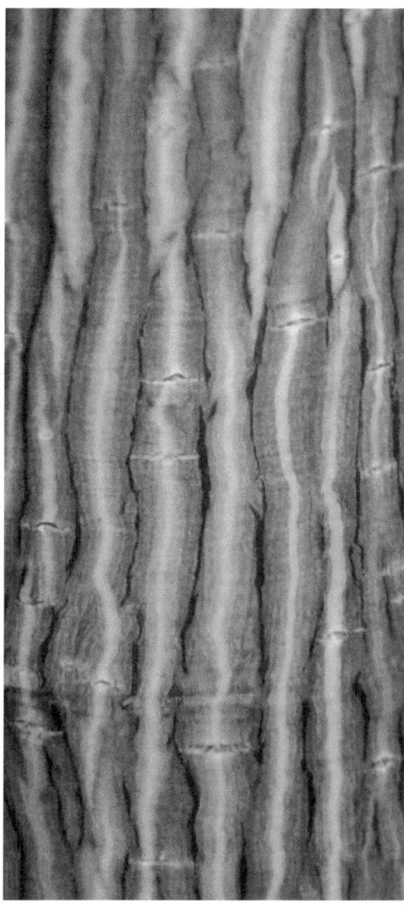

蔷薇科　梨属

豆梨系列品种

中国南方野生种有分布，下列品种为北美选育的观赏性乔木品种。干性强，新梢具白毛，多年生枝条褐色无毛。冠椭圆形。春天满树白花，秋叶鲜红亮丽，观赏性强。果实圆球形，直径 1cm，褐色，有白色斑点，可作果汁等用。

40. 秋火焰　*Pyrus calleryana* "Autumn fire"

生物学特性　北京 3 月花芽彭大萌发，先花后叶。新叶边缘红亮，具白毛，叶片肥大，叶片革质，夏季叶色亮绿，秋叶变色先由深绿变黑紫色再至紫红逐渐变成鲜红色。落叶晚，观赏时间可达 1 个月，直至初雪。一年两次生长高峰，夏芽休眠，秋梢生长量大。适应性强，耐瘠薄土壤，可在多种土壤上栽培，耐旱、耐寒性强。可作孤植、片植、列植。

适栽区域　北至吉林、辽宁、内蒙古自治区等地均可栽培。

栽培要点　（1）嫁接繁殖，北方可用杜梨为砧木。（2）移植易早春季进行，主要害虫有梨茎蜂、豆蓝金龟子，有时亦遭受天牛蛀干，种植时远离杨柳、柏类，可有效防止天牛及锈病为害。

应用配置　可做前景观赏树，亦可做行道树。或做开花植物与常绿树配置。

41. 豆梨—贵族 *Pyrus calleryana*“Aristocrat”

生物学特性 冠椭圆形，较开张。小枝绿色，稍细弱，小枝上毛量较少，生长量较大。腋芽瘦弱狭长，夏季不休眠，顶芽不封顶，无春梢、秋梢现象。叶狭长，近叶柄处椭圆，至叶尖形成狭尖，新叶无毛，新叶边缘无红色，叶片较平展，秋后红叶鲜艳，落叶晚。其他请参考“秋火焰”品种。

适宜推广地区 北至吉林、辽宁、内蒙古自治区等地。

栽培要点 （1）嫁接繁殖。（2）生长量大，加强水肥管理，以利快速培育大苗。（3）注意病虫害防治，主要为梨茎蜂春季咬食顶芽。（4）加强修剪，豆梨品种生长快，枝条木质化程度低时易造成主干弯曲、侧枝下垂等现象，影响观赏性，需及时修剪，平衡枝冠比例，均衡生长。

应用配置 参考“秋火焰”品种。

42. 首都　*Pyrus calleryana*“Capital”

生物学特性　冠椭圆形，较紧凑。叶片浓绿，稍革质，有光泽，夏季芽封顶，有二次生长，生长量稍小。侧芽饱满，圆润，具白毛；小枝具白毛，色浅绿；叶片无毛。秋梢叶片嫩黄发绿，边缘锯齿处稍有红意，叶背面有白毛、较少。秋叶亮红色。

适栽区域　北至吉林、辽宁、内蒙古自治区等地。

栽培要点　（1）嫁接繁殖。（2）栽植时远离杨柳、桧柏类植物，降低蛀干害虫为害及锈病的发生。（3）加强修剪，豆梨品种生长快，枝条木质化程度低时易造成主干弯曲、侧枝下垂等现象，影响观赏性，需及时修剪，平衡枝冠比例，均衡生长。

应用配置　参考“秋火焰”品种。

43. 克利夫兰 *Pyrus calleryana* “Cleveland”

生物学特性 干性强，冠椭圆形，半开张，叶片微卷，蜡质，边缘锯齿细，稍有白毛，10 月末始变色，叶色橙红。适应性强，能耐多种类型气候、土壤，耐寒、耐旱、耐贫瘠。生长快。

适宜推广地区 北至吉林、辽宁、内蒙古自治区等地。

栽培要点 参考“秋火焰”品种。

应用配置：参考“秋火焰”品种。

株形与秋色

44. 新布拉德福德　*yrus calleryana* “New Bradford”

生物学特性　冠椭圆形，枝条较开张。年生长量大，叶片肥厚，以中脉对卷微垂。变色期晚。适应性强。

适栽区域　北至吉林、辽宁、内蒙古自治区等地。

栽培要点　参考“秋火焰”品种。

应用配置　参考“秋火焰”品种。

蔷薇科　苹果属

北美海棠系列品种

小乔木，冠形类圆形，丰满。枝条粗壮，呈红紫色，花量大，果量亦大。适应性强，能适合多种土壤及环境下栽培。抗性强，耐修剪，生长量大。

45. 海棠—王族　*Malus* “Royalty”

生物学特性　干性强，枝条角度开张，小枝紫色。冠椭圆形，丰满。叶片油亮，新叶鲜红色，生长季转绛红色至暗红，在阴暗不见光处转绿。花紫红色，朵大，观赏性强。适应性强，适宜多种土壤类型及气候条件，抗性强，病虫害少，生长快，耐修剪。可片植、列植。

适栽区域　北至吉林、辽宁、内蒙古自治区等地。

栽培要点　（1）嫁接繁殖，可以八棱海棠为砧木。（2）幼苗定植时注意培养中收主干，及时疏除过密枝，保持通风透光。（3）至少进行二次移植，以保持根系发达，可提升应用或移植时成活率。（4）防治蚜虫、卷叶蛾等害虫。

应用配置　可作前景树，亦可独立成景。宜于乔木及低矮地被相互搭配。

春花

果

春色

46. 海棠—高原之火 *Malus* “Prairifire”

生物学特性 叶片长椭圆形，边缘有锯齿，新叶被白色绒毛，后渐消退，春叶红色，生长季新梢亦为红色，秋叶红色。花单瓣紫红色，4 月开放，花量大。果实紫色，结实多，可宿存，鸟雀喜食，观赏性极强。可片植、列植。

适栽区域 北至吉林、辽宁、内蒙古自治区等地。

栽培要点 （1）播种繁殖，亦可扦插、嫁接。（2）花量大，坐果率高，果实密集，在苗木培育期间对生长量及树形造成影响，须及时修剪，疏除花果及下垂枝条，平衡树势，培育壮苗大苗。（3）病虫害较少，一般于秋末春初喷施石硫合剂防病杀菌。

应用配置 宜做前景树。宜于乔木及低矮地被草花相互搭配。

花形花色

春花满树

夏季叶色

果及秋季叶色

47. 海棠—红宝石 *Malus* “Ruby”

生物学特性 与王族相近，新叶色浓绿逐渐变为浅红色，叶色油亮。花单瓣，深粉色，花量大，果深红色宿存，秋叶橘红色，观赏性极强。适应性强，适宜多种土壤类型及气候条件。抗性强，病虫害少。可片植、列植欣赏。

适栽区域 北至吉林、辽宁、内蒙古自治区等地。

栽培要点 嫁接繁殖。

应用配置 可做前景树，亦可独立成景。宜于乔木及低矮地被相互搭配。

48. 海棠—亚当 *Malus* "Adams"

生物学特性 新叶色浓绿逐渐变为浅红色。花单瓣，深粉色，花量大，果深红色宿存，秋叶橘红色，观赏性极强。适应性强，抗性强，适宜多种土壤类型及气候条件，病虫害少，栽培容易，注意适当修剪。

适栽地区 北至吉林、辽宁、内蒙古自治区等地。

栽培要点 嫁接繁殖。

应用配置 可做前景树，亦可独立成景。可片植、列植欣赏。宜于乔木及低矮地被相互搭配。

花

亚当应用 景观

49. 海棠—甜香 *Malus* “stuyzam”

生物学特性　北美海棠品种，冠球形，较株形小，干直立，株形伸展，花淡粉色花蕾洁白花朵，芳香，果红色，持久，搞病性强，叶色鲜绿色，秋叶黄色。红果与黄色叶交相辉映，十分美丽。

春花

适栽区域　北至吉林、辽宁、内蒙古自治区等地。

栽培要点　参考“高原之火”品种。

应用配置　参考“高原之火”品种。

秋色

50. 海棠—丹霞 *Malus* “dan xia”

生物学特性 小乔木，枝条较其他北美海棠品种细弱。叶近革质，叶片大而稍尖，叶色红亮，夏季老叶转绿，新梢红色，秋季叶色转红，观赏期长。花粉红色，单瓣。小果紫色，圆球形，黄豆大小。

适栽区域 北至吉林、辽宁、内蒙古自治区等地。

栽培要点 参考“高原之火”品种。

应用配置 可做前景树，亦可独立成景。可片植、列植欣赏。宜于乔木及低矮地被相互搭配。

果

春花

夏季叶色

株形

蔷薇科　唐棣属

51. 大花唐棣“秋季华晨”

Amelanchier×grandiflora “Autumn Brilliance”

生物学特性　是加拿大唐棣（*Amelanchier canadensis*）和平滑唐棣（*Amelanchier laevis*）杂交品种。蔷薇科灌木或小乔木，株高4~5米，冠圆，枝条细密，枝干丛生并且向上生长，自然形成灌木丛，亦可修剪成小乔木。花白色，4—5月果红色，秋叶橙红，观赏性强，果可食。适应性强，国内引种地区广泛，北至华北，华南等大部分地区均有栽培。在土壤适应性、耐旱性及叶斑病抗性方面比其他唐棣属品种更有优势。喜光，喜温暖湿润气候及排水良好地段，生长速度中等，能耐寒。可片植、列植、孤植。

适栽区域　北京及以南地区常见栽培。

栽培要点　（1）扦插繁殖。（2）嫁接繁殖。（3）宜种植于湿润、肥沃土壤，背风地段。（4）枝条过密注意修剪。

应用配置　可公路、公园、街头、造林绿化等，可用于庭院栽培，适宜屋前墙角绿化欣赏。

52. 大花唐棣“戴安娜”

Amelanchier×grandiflora “princess Diana”

生物学特性 原产美国。小乔木，冠稍开展，枝条直立。花白色，花期 4~5 月，果紫色，可食。秋叶橙红。适应性强，适合多种土壤栽培。抗性强，病虫害少。可片植、列植。

适栽区域 北京及以南地区常见栽培。

栽培要点 （1）扦插繁殖。（2）阳光充足处栽培。

应用配置 可用于公路、公园、造林绿化等，适宜庭院培育与观赏。

（图片摘自胖龙苗木宣传册）

蔷薇科　桃属

53. 寿星桃—红宝石　*Amygdalus persica* Densa “Red”

生物学特性　寿星桃的变种，叶色紫红如红叶碧桃，叶片肥大，新叶红色，老叶油亮发绿。花粉色，4 月中旬进入盛花期，大而密集，结毛桃，果可食。枝条节间短，生长较慢。适就性强，耐寒性强。喜光照，忌水涝。

适栽区域　北京、辽宁、河北省唐山市等地均有栽培。

栽培要点　（1）嫁接繁殖，接于 1 米左右砧木上，观赏效果好。（2）播种繁殖遗传特性稳定，但不利应用，可作为采穗圃应用。（3）宜栽于沙质壤土地段。移植前整地松软，利于生长。（4）喜光照，株间距 2 米可保持充足空间。（5）易遭受蚜虫、卷叶蛾等害虫，生长期需及时进行病虫害防治。（6）及时进行修剪，剪除病虫枝、徒长枝，保持分枝及冠的通透性。

应用配置　可用于公园、街头、庭院应用。适用于前景树观赏，以保证阳光充足。可与石、草、岸边坡地等处配置。

蔷薇科　李属

54. 加拿大红樱　*Prunus virginiana* “Canada Red”

生物学特性　北美小乔木，高度 8~10 米。干通直，光滑，皮色灰褐。枝条开张角度约中型，分枝合理，冠卵形。春花白色，繁茂有香味。春叶嫩绿色，夏季叶色由绿色逐渐转成深紫色，秋季叶色又转成橙红，观赏性强。速生，喜光照，病虫害较少。适应性强，喜沙质壤土，但能适应多种类型的土壤及气候条件。抗性强，耐盐碱、耐瘠薄、耐干旱，耐寒冷。不耐水湿，移植后发生水涝时易流胶。幼时生长快，成年树生长较慢。可片植、列植观赏。

适栽区域　北至吉林、辽宁、内蒙古自治区等地。

栽培要点　（1）嫁接、扦插、播种繁殖。（2）栽培宜沙质壤土地段，移植前整地松软，做好排水设施。（3）修剪注意保持中央领导干。（4）秋末及春初喷涂石硫合剂预防病虫害。

应用配置　可在公园、街头、庭院观赏。可做行道树、前景树、背景树。宜于与浅色或开花灌木搭配。

55. 紫叶矮樱 *Prunus×cistena*

生物学特性 小乔木，三季红叶。冠圆形至椭圆形，红叶白花，清新典雅，春芽细弱致密，有若烟霞，夏季叶片暗紫透绿，叶片有紫叶斑点。枝条紫色，生长量大。喜沙质壤土上栽培。耐寒、耐旱、耐瘠薄。病虫害少。亦可做绿篱栽培，初春观赏效果极佳。

适栽区域 北京、辽宁等地均有栽培。

栽培要点 （1）扦插、嫁接繁殖。（2）以山光嫁接时注意多次移植，培养优良根系。（3）注意培养主干，可养成大苗应用。注意修剪，分枝合理，保持良好冠形。

应用配置 公园、街头、庭院均可栽培。适用于前景树观赏。可与观赏石、草、地被、背景高大乔木等配置。

56. 红叶太阳李　*Prunus cerasifera* “Sunset”

生物学特性　紫叶李与梅的杂交品种，新芽及新梢红色，生长季时老叶稍绿，秋季叶色橙红色，小花粉红至深红色，4月，果红色。枝条较紫叶李开张，分枝能力强，冠大，生长量大，观赏性强。可片植、列植、孤植。

适栽区域　北京、辽宁等地均有栽培。

栽培要点　（1）嫁接繁殖。（2）生长量大，栽培前宜区域较宽大的株行距。（3）生长季易受卷叶蛾等危害，注意加强防治。（4）修剪注意保持主干性，培养成乔木。

应用配置　优良的观花植物及观叶植物，适用于前景树观赏。与背景绿色高大乔木等配置，可公园、街头绿化，宜于庭院栽培。

57. 红叶密枝李 *Prunus domestica* "Mizhi"

生物学特性 落叶小乔木。叶面光滑，叶片薄而尖，枝条软柔。春季白花，三季红叶，夏季叶色深，老叶稍绿色，秋叶呈亮红色，落叶晚，果实红亮，直径2cm，可食，观赏性极强。适应性强，可于多种土壤上栽培。抗寒、抗旱、耐热性强，耐土壤瘠薄。耐修剪，形成各种造型应用。宜片植、列植。

适栽区域 北京、辽宁、吉林等地多有栽培。

栽培要点 （1）播种或嫁接繁殖，扦插成活率低。（2）病虫害易遭受卷叶蛾等食叶虫害，需进行防治。（3）培养乔木应注意主干培养，主尖易受病虫害影响形成分枝，注意修剪。根部萌蘖及时去除。或培养成丛生形或做篱使用则及时断干促分生枝条。

应用配置 宜做前景树。可应用于公园、街头绿地、庭院绿化。与常绿乔木搭配使用效果好。亦可做成色块、造型应用。

花　叶

树　果

58. 美人梅 *Prunus ×blireana* Andre

生物学特性 中型乔木或小乔木，生长量大，分枝能力强。叶红色，新梢红色，生长季时老叶稍绿叶色发紫，秋季橙红色，一年三季可赏，小花白色，4 月初花，观赏性强。可片植、列植、孤植。

适栽区域 北京、辽宁等地均有栽培。

栽培要点 （1）嫁接繁殖。（2）栽培时注意培养主干和良好冠型。（3）生长季易受卷叶蛾等危害，注意加强防治。

应用配置 适用于前景树观赏。可用于公园、街头绿化，可庭院栽培。可于水、石、桥、隅角应用。

（图片摘自网络 http://sh.qihoo.com/pc/detail?url=https%3A%2F%2Fwww.toutiao.com%2Fa6496309869014942222%2F&check=babb2d9b629dbdc9&sign=baike）

59. 红叶榆叶梅　*Amygdalus triloba* “roseo-plena”

生物学特性　小乔木，高2~3米，一年生枝紫褐色，叶紫色，老叶稍绿，春花重瓣粉红色，花繁密，花期4月，叶红色，果紫红色。花、叶、果均可观赏。适应性强，对土壤要求不严，喜光照环境。忌涝耐旱，能耐寒。可列植，片植观赏效果更好。

适栽区域　北京、辽宁等地均有栽培。

栽培要点　（1）嫁接繁殖。（2）及时修剪，注意各分枝保持 一定的角度与距离。（3）增施有机肥促进花大色艳。生长加快。（4）越冬无须防寒。

应用配置　可用于公园、街头、庭院观赏。适用于前景树观赏。前景为早期开花植物连翘、迎春等。可配置于山坡角、隅角、石旁、水系附近。以常绿树前背景可为绿色乔木或西府等高大海棠的开花植物配置。

60. 红叶樱花 *Prunus serrulata*

生物学特性 落叶小乔木。花重瓣，粉红色，花期4月。叶三季紫红色，初春展叶为深红色，5—7月叶色亮红，老叶深紫色，霜后叶色亮红。观赏性极强。喜温暖湿润气候。喜肥沃排水良好土壤。

适宜推广地区 北京及以南地区。

栽培要点 （1）嫁接繁殖。（2）小苗定植时注意改土为沙质壤土。（3）栽培于背风、水分充足地段。做好排水设施。（4）注意修剪，形成主枝与侧枝分布均匀状态。避免过于集中分枝。（5）主要防治流胶、介壳虫等 病虫害，秋末春初喷涂石硫合剂及时杀菌防治。（6）干旱时节，注意灌溉及时补水。

应用配置 与常绿乔木或其他高大绿色乔木配置，也可与低矮绿色地被应用。

（图片摘自网络 https://wenku.baidu.com/view/1c30bc501ed9ad51f01df238.html）

61. 欧李 *Prunus humills* Bunge

生物学特性 灌木，中国特有野生树种，其果食高钙，因此又称钙果。中观赏、食用、药用、生态等多种用途。花白色，花期 4 月。果红色、黄色，秋叶红色，观赏性极强。适应性强，耐干旱、瘠薄环境，栽培不择土壤。喜光，可栽培于向阳处，也能耐荫。

适栽区域 全国广大地区均可栽培。

栽培要点 （1）扦插、嫁接繁殖。（2）植株矮小，无需大株行距。若喜立体观赏，需适当绑缚，协助直立。（3）果量大，可增施有机肥，促进苗壮质强。

应用配置 可用于公园、街头、庭院内观赏。于绿地草坪或隅角配置观赏。

蔷薇科　花楸属

62. 欧洲花楸　*Sorbus aucuparia* “Xanthocarpa”

生物学特性　原产俄罗斯，落叶乔木，高 9 米，奇数羽状复叶互生，小叶 11~15 枚，长椭圆形。春季白花繁茂，叶片深绿，秋季叶片由黄色变成红色，果期 10 月，黄色，量大。观赏性强。喜光，忌北京夏季高温、太阳直射。喜湿润酸性或微酸性土壤。较耐荫，耐寒性强。

适栽区域　北京、辽宁等地均有栽培。

栽培要点　（1）播种、扦插繁殖。（2）板结或碱性土壤宜进行土壤改良，主要以 $FeSO_4$ 土施，中和土壤中的碱性。（3）增施有机肥，改善土壤结构与性能。（4）幼树培养阶段，因果量较大，生长较慢，宜人工除去花、果，以利生长培育。（5）夏季高温干燥天气应及时灌溉或降温。（6）草绳缠干，避免西侧日灼。

应用配置　应配置于楼房东、东北侧或可见散射光地段。可与其他大乔木混栽应用，可起到适当遮阳效果。

63. 百华花楸 *Sorbus pohuashanensis*

生物学特性 落叶乔木，树高达8米以上，冬芽、叶背、花梗密被灰白色毛。奇数羽状复叶5~7对，花白色，花期6月，果红色，果期9~10月，秋季叶片橙色至红色。喜微酸性土壤。喜光，忌强日照，耐荫，忌北京夏季高温、太阳直射。

适栽区域 北京地区山区栽培。平原宜选择背风稍荫处种植。

栽培要点 （1）播种、扦插繁殖。（2）板结或碱性土壤宜进行土壤改良，主要以 $FeSO_4$ 土施，中和土壤中的碱性。（3）增施有机肥，改善土壤结构与性能。（4）幼树培养阶段，因果量较大，生长较慢，宜人工除去花、果，以利生长培育。（5）夏季高温干燥天气应及时灌溉或降温。（6）草绳缠干，避免西侧日灼。

应用配置 应配置于楼房东、东北侧或可见散射光地段。可与其他大乔木混合应用，可起到适当遮阳效果。

豆科　皂荚属

64. 金叶皂角　*Gleditsia triacanthos* “sun burst”

生物学特性　高大乔木，枝条曲折，干皮光滑，春芽金黄饱满，夏叶转绿色稍浅，秋叶橙黄。观赏性极强。适应性稍强，喜水喜温暖气候，

适栽区域　北京及以南地区。

栽培要点　（1）嫁接繁殖。栽培于温暖湿润、背风向阳处（2）幼年枝条柔软，需要绑缚竹杆帮助直立生长。（3）初越冬时注意防寒防风，春季易抽条，加强水肥管理，次年抗性增强，2~3 年后可自然越冬。

应用配置　与常绿乔木或其他高大绿色乔木配置，也可与低矮地被搭配应用。

春色

秋色

65. 红叶皂角 *Gleditsia triacanthos* “Rubylace”

生物学特性 高大乔木，枝条曲折，干皮光滑，春叶紫红色，夏季叶色转绿，荚果绿色转红色，观赏性极强。喜水喜温暖气候。

适栽区域 北京及以南地区。

栽培要点 （1）嫁接繁殖。（2）栽培于温暖湿润、背风向阳环境。（3）小苗期枝杆柔软，易弯曲，需绑缚帮助直立，至粗度增至5~6cm后可撤杆。（4）秋季注意控水，避免春季抽条。（5）在北京初次越冬时要防寒，次年抗性可增强，2~3年后能自然越冬。

应用配置 公园、街道、庭院均可应用。可与常绿乔木配置，或应用于草坪中。

豆科　槐属

66. 金叶槐　*sophora japonica* “Chysophylla”

生物学特性　无刺槐变种，奇数羽状复叶，叶色金黄灿烂，夏季老叶稍绿，秋季叶色橙色。树干粗壮挺拔，冠大亭亭如盖，7 月白花清香淡雅，观赏性强。适应性强，能适应北京多种气候类型与土壤类型。可片植、列植。

适栽区域　北京、辽宁、吉林均可栽培。

栽培要点　（1）嫁接繁殖。（2）易栽植于阳光充足的地段，有利于叶色明亮，提升观赏性。（3）夏季干旱时落叶，注意补水。（4）主要病虫害有国槐尺蠖、国槐叶柄小蛾，注意及时防治。

应用配置　与常绿乔木或其他高大绿色乔木配置，也可作为低矮绿色地被应用。应用于公园、街头绿地、行道树等。

67. 金叶刺槐 *Robinia pseudoacacia* “Frisia”

生物学特性 刺槐变种，国内选育的新品种，春季发芽早，叶色金黄，花期 5 月，花香浓郁。主干挺拔高大，观赏性强。适应性强，生长迅速。片植、列植。

适栽区域 北京及以南地区。

栽培要点 在北京地区能自然越冬，无抽条现象。能适应北京的干旱、寒冷、干燥气候，能适应多种土壤类型环境。在碱性沙土上种植生长良好。一般嫁接繁殖。病虫害较少。

应用配置 可做行道树、前景树、造林绿化等用。

68. 金枝垂槐 *Sophora japonica* “dangle”

生物学特性 无刺槐变种，发芽早，幼芽及嫩叶淡黄色，5月中旬转绿，7月开花，花白色，芳香，9月果，11月叶色由淡黄至橙黄，落叶期晚，枝条从11月至次年5月一直为黄色，通过修剪，可形成圆盘状树冠，如层层龙爪，树姿虬劲，垂枝金黄，可观赏性极强。

适栽区域 北京及以南地区常见栽培。

栽培要点 （1）其抗性强，适应多种气候类型及土壤条件，栽培容易。（2）注意修剪，时间于落叶后、发芽前进行，分枝应多，以保证冠型丰满，枝条从高拱至最高点处短截，形成层层龙爪。（3）嫁接繁殖。

应用配置 片植、列植。前景树、造林绿化等用。

69. 金枝槐 *Sophora japonica* "Chrysoclada"

生物学特性 国槐变种，春季发芽早，枝条及叶色金黄，夏季叶色转绿，花期7月，花香，秋季叶色橙黄，变色明亮，冬季枝条金黄，四季观赏性强。适应性强，生长迅速。能适应北京的干旱、寒冷、干燥气候，能适应多种土壤类型环境，在碱性沙土上种植生长良好。片植、列植。

适栽区域 北京及以南地区常见栽培。

栽培要点 （1）嫁接繁殖。（2）老枝易生黑色斑点，金黄色渐淡，影响观赏，可经修剪，促发新枝，增强观赏性。修剪注意保持主干，形成高大乔木。做灌丛观赏时，每年修剪，可保持枝条的颜色鲜艳明亮。

应用配置 主要应用于公园、街道。可用于前景树、造林绿化等。

豆科　合欢属

70. 合欢—巧克力　*Albizia julibrissin* “Summer Chocolate”

生物学特性　日本育种。落叶乔木，树冠伞形，亭亭如盖。新叶紫色，老叶转绿，夏季花红色，花期 7 月至 8 月，观赏性强。适应性强，喜水忌涝，喜土壤肥沃、排水良好条件，在稍碱性沙质土质中能正常生长。片植、列植。

适栽区域　北京及以南地区常见栽培。

栽培要点　（1）可播种繁殖，有变异，可取变色好的小苗留存。9 月果实陆续成熟，易受合欢豆象侵害，注意于花期及时进行防治。（2）播种苗有变异株，应及时选优。对目标树重点栽培（3）幼苗绑杆辅助直立生长。（4）及时中耕，对幼生健康生长极为重要。（5）北京越冬不需防寒。

应用配置　前景树、造林绿化等用。

榆科　榆属

71. 中华金叶榆　*Ulmus pumila* “jinye”

生物学特性　白榆变种，大乔木，高 20 米以上，春季芽、叶片均为金黄色，夏季老叶转绿，新梢金黄色，秋季叶色转橙黄，落叶晚，观赏期长，是优良的园林绿化植物。适应性强，片植、列植。

适栽区域　北方各地区均常见栽培。

栽培要点　（1）嫁接、扦插繁殖。（2）需修剪，整理出主杆，保持顶端优势和优美树型。（3）病虫害稍多，注意防治。

应用配置　公园、街头应用，可用于前景树、造林绿化等。可做为行道树列植、背景树群植，亦可以造型树用于前景。

72. 金叶垂枝榆 *Ulmus pumila* "Jinyecuiyu"

生物学特性 树干形通直，枝条下垂柔软，树冠呈圆形蓬松，形态优美，又能修剪成球。叶色金黄，观赏性强。适应性强，对环境要求不严，管理上易多做修剪，有时接成多层修剪云片，也颇有意趣。

适栽区域 北方各区常见栽培。

栽培要点 （1）嫁接繁殖，多采用白榆作砧木进行枝接和芽接，3 月下旬至 4 月可进行皮下枝接，6 月用当年新生芽嫁接。（2）及时修剪，使各方分枝均匀。并取 20~50cm 于枝条向上升至顶点稍向下时截断。经逐年修剪，形成如盘龙的圆冠。

应用配置 参考“中华金叶榆”品种。

73. 红叶榆 *Ulmus pumila* “hongye”

生物学特性 春季到夏季嫩枝为红色，10 月中旬颜色整株为红色，正面为鲜红色，背面为粉红色。叶色橙红，鲜艳夺目，观赏性强。适应性强，对环境要求不严，耐寒性强。可片植、列植应用。

适栽区域 北京及以南地区常见栽培。

栽培要点 （1）嫁接繁殖。（2）其他请参考“中华金叶榆”品种。

应用配置 前景树、造林绿化等，多用于公路、郊野公园。

74. 欧洲金叶榆 *Ulmus hollandica* "Wredri"

生物学特性　又名金叶荷兰榆，乔木，树冠圆锥形，分枝量很少，侧枝短小，枝条直立。叶片卷曲发皱，不舒展，叶缘裂深，金黄色，秋季橙黄色。夏季老叶稍绿，夏季稍焦边，观赏性较强。喜光，喜温暖湿润气候。耐寒，在北京强阳下有时发生日灼。

适栽区域　北京及以南地区均可栽培。

栽培要点　（1）嫁接繁殖。（2）栽培于湿润、松软土壤环境中。（3）注意病虫害防治。

应用配置　参考"中华金叶榆"品种。

75. 欧州花叶榆 *Ulmus laevis pall*

生物学特性 幼苗叶片较大，叶片为不规则白色云片的花叶。树干光滑，主干明显，生长迅速。花先叶开放，花果期 3—6 月。耐寒性强，于北京夏天干燥天气易焦叶。

适栽区域 北京及以南地区常见栽培。

栽培要点 （1）嫁接繁殖。（2）注意修剪。因生长较快，嫁接枝条有时易风折，保留合理分枝及生长量。

应用配置 多用于公路、郊野公园造林绿化。

76. 光叶榉　*zelkova serrata* (Thunb.) Makino

生物学特性　落叶大乔木，高达30米，胸径可达100cm，树皮灰白色或褐灰色，呈不规则的片状剥落。当年生枝紫褐色或棕褐色，疏被短柔毛，后渐脱落，冬芽圆锥状卵形或椭圆状球形。叶薄纸质，秋季变紫红色，可观赏期长。适应性稍强，分布较广，适生于河谷溪边，喜湿润肥沃土壤，气候温和阳光充足环境。

适栽区域　北京及以南地区栽培。

栽培要点　（1）可播种、根插繁殖。（2）栽培于温暖湿润、背风向阳环境。（3）初栽冬季需防寒。

应用配置　背景树、造林绿化等，多用于公路、郊野公园、行道树，可庭院应用。

木犀科　白蜡属

77. 美国白蜡—秋紫　*Fraxinus americana* “Autumn Purple”

生物学特性　原产北美，奇数羽状复叶，为木犀科白蜡属落叶大乔木，最高可达 15 米，小叶 5~7 枚，叶片较大，叶脉突出，纸质，叶厚，缘有锯齿，树冠较开张。主枝明显，层次分明，秋叶紫红色，鲜艳美丽，较普通白蜡落叶稍晚，观赏期长。适应性强，抗性强，能耐盐碱、耐干旱、耐瘠薄，适应多种土壤类型及气候条件。

适栽区域　北京及以南地区。

栽培要点　嫁接繁殖。

应用配置　多用于公路旁及公园内。

78. 美国白蜡—秋欢 *Fraxinus Americana* “Autumn Applause”

生物学特性 原产北美，落叶大乔木，最高可达15米，秋叶橙红色，较普通白蜡落叶稍晚，观赏期可达20多天。适应性强，抗性强，能耐盐碱、耐干旱、耐瘠薄，适应多种土壤类型及气候条件。

适栽区域 北京及以南地区栽培。

栽培要点 （1）嫁接繁殖。（2）栽培于温暖湿润、背风向阳环境。（3）春季易受虫害影响，新梢枯死后分生多头，须注意防治及时修剪，保持主枝生长。（4）秋末控制水肥，保障充分木质化，否则春季易抽条。

应用配置 前景树、造林绿化等，多用于公路、郊野公园。

79. 窄叶白蜡—雷舞 *Fraxinus angustifolia* "Raywood"

生物学特性 高大乔木，树姿挺拔，冠窄。叶片狭长似柳叶，复叶 13 枚，秋色紫红，较秋紫白蜡叶色更深，变色期更晚。适应性强，喜冷凉气候，耐盐碱、耐瘠薄、耐干旱、耐寒、耐北京高热天气，抗性强。

适栽区域 北京及以南地区栽培。

栽培要点 参考"美国白蜡—秋欢"品种。

应用配置 前景树、造林绿化等，多用于公路、郊野公园。

80. 白蜡—金叶 *Fraxinus chinensis* "Jinyebaila"

生物学特性 小乔木至大乔木，干性通直，叶片黄亮，夏季稍绿，雄株单性，不结实。秋季叶色金黄至橙黄。较普通白蜡落叶晚，观赏性强。适应性强，能耐盐碱、耐瘠薄、耐寒、抗旱，叶色稳定，是优良的北方彩叶植物。

适栽区域 北方广大地区均可栽培。

栽培要点 （1）嫁接繁殖。（2）幼时生长杆软，易绑缚辅助直立或经多次修剪，保证冠干比匀称。（3）生长较快，适合稍大株行距。（4）越冬无需防寒。

应用配置 前景树、造林绿化等，多用于公路、郊野公园。

81. 白蜡—金枝 *Fraxinus excelsior* "Jaspidea"

生物学特性 原产欧洲，小乔木，冠圆形，枝条粗状黄亮，叶色淡黄，叶片披针形，叶片1枚，秋季叶色金黄。喜温暖湿润气候，耐盐碱，耐干旱，耐瘠薄，不耐春风，幼时春季易抽条，多年栽培后能适应环境。

适栽区域 北京及以南地区常见栽培。

栽培要点 （1）嫁接繁殖。（2）栽培于背风向阳环境。（3）春季易抽条，经修剪，易形成圆冠，多年栽培后可自然越冬。（4）老干易形成黑斑，经修剪后可保持枝条金黄鲜艳的观赏性。

应用配置 前景树、造林绿化等，多用于公路、郊野公园。

壳斗科　栎属

82. 柳栎　*Quercus Salecena* Blume

生物学特性　原产美国东部和南部，高大乔木，高可达20余米，主干直立，皮深绿色至深灰色，质硬，枝纤细，圆锥或球状树冠。叶披针形，顶部有硬刺，叶色亮绿，秋叶由紫红变鲜红色。深根性。喜光，喜温暖湿润气候。喜酸性肥沃土壤，但也能适应多种土壤类形，在北京稍碱性土壤中能正常生长。

适栽区域　北京及以南地区常见栽培。

栽培要点　（1）嫁接繁殖。（2）种植时挖深坑，注意施用底肥，有利于植物的根系伸长生长。（3）落叶晚，秋季注意控水。（4）平原种植栽培于稍耐荫、背风区域，可自然越冬。

应用配置　前景树、造林绿化等，多用于公路、郊野公园，庭院可用。

83. 沼生栎“红地球” *Quercus palustris* “Helmonds Red Globe”

生物学特性 树形优美的乔木，可高达30米，干皮暗灰褐色，均光滑无毛。单叶互生，叶卵形或椭圆形，深裂，新叶亮嫩红色，9月变成橙红色或铜红色。单性同株，雄花序数条簇生下垂，雌花单生或2~3个集生于花序轴上。坚果长椭圆形，有短毛，后渐脱落。花期4—5月，果熟翌年秋季。耐干燥，喜光照，耐高温，抗霜冻，适应城市环境污染，抗风性强，喜深厚肥沃湿润的土壤，但也适应黏重土壤。

适栽区域 北京及以南地区常见栽培。

栽培要点 （1）嫁接繁殖。（2）栽培于湿润、背风处，喜水，可种植于低洼处。

应用配置 公路、公园、造林绿化等，可用于庭院栽培。

84. 锐齿槲栎 *Quercus aliena acuteserrata* Maxim.

生物学特性　全国大部均有分布，高大乔木，高可达30余米，主干直立，叶大，长椭圆状，叶缘具粗大锯齿，齿端尖锐，内弯，叶背密被灰色细绒毛，叶色亮绿，秋叶黄色至鲜红色。花期3—4月，果期10—11月。喜光，喜温暖湿润气候。喜酸性肥沃土壤，但也能适应多种土壤类型。

适栽区域　北京及以南地区常见栽培。

栽培要点　（1）播种繁殖。（2）栽培于稍耐阴、背风环境。（3）喜水，适时灌溉。

应用配置　公路、公园、造林绿化等，可用于庭院栽培。

85. 北美红栎“纳普维” *Quercus rubra* “Alnarp Weeping”

生物学特性 原产美国东部和南部，高大乔木，高可达20余米，主干直立，皮深绿色至深灰色，质硬，枝纤细，树冠匀称，幼树卵圆形，随着树龄的增加逐渐变为圆形。叶披针形，互生，顶部有硬刺，叶色亮绿，秋叶黄色或红色。生长速度较快，喜光，喜温暖湿润气候。耐旱、耐寒、耐瘠薄、抗火灾、较耐荫，萌蘖能力强。耐环境污染，对不同酸碱度的土壤适应能力强。

适栽区域 北京及以南地区常见栽培。

栽培要点 （1）播种、嫁接繁殖。（2）栽培于稍耐阴、背风环境。（3）深根性植物，易栽培于土层深厚处。（4）秋季控水。

应用配置 公路、公园、造林绿化等，可用于庭院栽培。

卫矛科　卫矛属

86. 丝绵木—光叶　*Euonymus maackii* “slippy”

生物学特性　中型乔木，冠椭圆形，叶革质叶片深绿发亮，叶长椭圆形，卷曲，花 6 月黄绿色，果实较大，种子少，易脱落。秋季 10 月份始变色，叶片由深紫色至深紫红色，变色期 30 余天，11 月始落叶，观赏期长，落叶较集中。适应性强，适应多种气候类型条件及土壤条件。抗逆性强，耐干旱、耐瘠薄、耐盐碱，病虫害少。片植、列植、孤植观赏。

适宜推广地区　北京及以南地区常见栽培。

栽培要点　（1）嫁接繁殖，砧木与接穗之间生长量差异较大，易形成大小角，宜低接。（2）栽培于阳光充足、排水良好地段。（3）生长量不大，适当修剪。（4）加强水肥管理，促进栽培期生长量。

应用配置　公路、公园应用。

87. 丝绵木—秋紫 *Euonymus maackii* “flama”

生物学特性 大型乔木，冠椭圆形，叶革质叶片深绿发亮，叶形稍圆，舒展，花6月黄绿色，果实较大，种子少。秋季10月份始变色，叶片由深紫色至紫红色，颜色鲜艳，11月末始落叶，落叶期较一致，观赏期30余天。适应性强，能耐干旱、耐瘠薄、耐盐碱，适应多种气候类型条件及土壤条件。片植、列植欣赏。

适栽区域 北京及以南地区常见栽培。

栽培要点 （1）嫁接繁殖，砧木与接穗之间生长量差异较大，易形成大小角，宜低接。（2）栽培于阳光充足、排水良好地段。（3）生长量不大，适当修剪。（4）加强水肥管理，促进栽培期生长量。

应用配置 公路、公园应用，亦可用于庭院栽培。

七叶树科　七叶树属

88. 七叶树　*Aesculus chinensis* Bunge

生物学特性　落叶乔木，高可达25米以上，树皮灰褐色，小枝圆柱形，顶芽饱满大型。复叶掌状七枚，叶柄长，叶片肥大，初生时叶色紫红，展开后色泽浓绿，秋季黄色至橙红色是世界著名的观赏树种之一。白色圆锥花序4–5月。果实褐色圆球形，10月成熟。适应性强，能耐干旱、耐瘠薄、在稍盐碱土上能正常生长，具有一定耐寒性。片植、列植、孤植欣赏。

适栽区域　北京及以南地区常见栽培。

栽培要点　（1）播种繁殖。种子成熟后自行脱落，及时捡拾随即播种，时间稍长的种子萌发力降低，出苗率低。（2）小苗期宜稍遮阴背风栽培。（3）加强水肥管理，促进苗期生长量。（4）秋后控水。

应用配置　公路、公园、庭院均可应用。适宜行道树。公园里与草坪等低矮色块、地被搭配应用。

89. 欧洲七叶树 *Aesculus hippocastanum* L.

生物学特性　较中国七叶树小，树冠宽阔，花微红色多个品种，绿荫浓密，叶脉稍深，叶色深绿，10月叶色变成金黄至可橙黄至红色，变色后很快脱落，落叶不集中，整体观赏期持续半个月以上。片植、列植孤植欣赏。

适栽区域　北京及以南地区常见栽培。

栽培要点　(1) 播种或嫁接繁殖。(2) 小苗期需背风处栽培，适当遮阴。(3) 适当修剪，保持主干生长。(4) 秋末控水。冬季可稍防风。

应用配置　公路、公园、造林绿化等，可用于庭院栽培。

90. 日本七叶树 *Aesculus turbinatel* Bl.

生物学特性 大乔木，冠椭圆形至塔形，花 5 月白色，略带红色，叶片肥大，呈长椭圆形，果 10 月。10 月中旬始变色，11 月初叶片金黄色，后呈红色，观赏性极强。适应性强，喜水，喜湿润并排水良好土壤，背风向阳处栽培，稍耐阴。片植、列植。

适栽区域 北京及以南地区常见栽培。

栽培要点 （1）播种繁殖。（2）喜温暖湿润气候，栽培于背风向阳环境，北京夏季小苗遮阴。（3）北京强阳下宜混栽。

应用配置 公路、公园、造林绿化等，可用于庭院栽培。

91. 红花七叶树 *Aesculus ×carnea* “Briotii”

生物学特性 大乔木，冠椭圆形至塔形，花 5 月，红色，叶片肥大皱叶，呈长椭圆形，果 10 月。10 月中旬始变色，11 月初叶片金黄色，后呈红色，观赏性极强。适应性强，喜水，喜湿润并排水良好土壤，背风向阳处栽培，稍耐阴。

适栽区域 北京及以南地区常见栽培。

栽培要点 （1）播种繁殖。（2）栽培于水分充足、背风向阳地段。（3）秋后控水。冬季防风。经多年栽培，适应性增强，可自然越冬。

应用配置 可公路、公园、庭院栽培。珍贵树种，用于林缘，或行道树。

漆树科　黄连木属

92. 黄连木　*Pistacia chinensis* Bunge

生物学特性　落叶乔木，树皮裂成小方块状；小枝有柔毛，冬芽红褐色。偶数羽状复叶互生，小叶披针形或卵状披针形、全缘、5~7对，叶黄色至红色。单性异株，雌花成腋生圆锥花序，雄花总状花序。秋叶变为橙黄或鲜红色；雌花序紫红色，能一直保持到深秋。核果球形，熟时红色或紫蓝色。喜冷凉气候，生长较慢，能耐荫。可片植、列植。

适栽区域　北京及以南地区常见栽培。

栽培要点　(1) 播种繁殖。(2) 栽培于背风、稍荫环境。(3) 土壤适当调中性或微酸性。(4) 施有机肥或农加肥。(5) 秋季控水，冬季防风。

应用配置　公路、公园、造林绿化等，可用于庭院栽培。

木兰科　鹅掌楸属

93. 杂交马褂木　*Liriodendron chinense* × *tulipifera*

生物学特性　以中国鹅掌楸（*Liriodendron chinense*）为母本与北美鹅掌楸（*Liriodendron tulipifera*）杂交后选育而成。高大乔木，干直挺拔，皮色灰白。叶片马褂形，叶片大，夏季叶色浓绿，花黄色，10 月下旬始变色，叶色金黄至橙黄，11 月始落叶。抗逆性与生长特性均明显优于鹅掌楸。喜阳，喜温暖湿润气候，耐干旱，喜深厚肥沃和排水良好之沙质壤土，在低湿地生长不良。

适栽区域　北京及以南地区常见栽培。

栽培要点　嫁接繁殖。

应用配置　片植、列植，公路、公园、造林绿化等，可用于庭院栽培。

94. 金边马褂木 *Liriodendron tulipifera* "Aureo-marginatum"

生物学特性 高大乔木，干直挺拔，皮色灰，稍暗。叶片马褂形，叶较稍小，叶面边缘具有金黄色的宽带，夏季叶色不明显，秋季10月始变色，叶色橙黄，落叶稍早。花单生枝端，杯状，基部有橘红色带，淡绿，于夏季中期开放。聚合果纺锤形，10月成熟。喜光，稍耐阴，适宜生长于酸性至弱酸形土中，干旱、排水不良及瘠薄生长不良，风口处不宜栽植。

适栽区域 北京及以南地区常见栽培。

栽培要点 （1）嫁接繁殖。（2）栽培于背风、向阳处。（3）秋季控水。

应用配置 可应用于公路、公园、庭院栽培。

95. 紫京核桃

生物学特性 食用核桃变种，叶紫红色，果皮及果梗均为紫红色，具食用与观赏价值为一体。适应性强，耐寒、耐热、耐旱，喜沙质壤土。

适栽区域 北京及以南地区常见栽培。

栽培要点 （1）嫁接繁殖。（2）喜冷凉气候，宜栽培于阳光充足、排水良好地段。（3）秋季控水。（4）应用时可混栽，可适当荫蔽，避免北京夏季强照日灼。

应用配置 可公路、公园、庭院栽培。

（图片摘自门头沟国际核桃庄园宣传页）

苦木科　臭椿属

96．红叶椿　*Ailanthus altissima* “Purpurata” 或为 *Ailanthus altissima* “Hongye”

生物学特性　臭椿的变种，高大乔木，树高可达 20 多米，干皮灰白，光洁挺拔。单数羽状复叶，新叶至 7 月均呈现紫红色，老叶转绿，生态价值高，观赏性也强。适合多种土壤，不耐水湿，耐干旱，耐瘠薄，耐寒。

适栽区域　北京及以南地区常见栽培。

栽培要点　（1）根繁。（2）栽培于排水良好、沙质壤土。（3）病虫主要有斑衣蜡蝉和煤乌病，需加强防治。

应用配置　可应用于公路、公园、造林绿化等。

桦木科　桦木属

97. 杂交白桦　*Betula platyphylla Suk×Betula pendula*

生物学特性　高大乔木，树姿挺拔，清秀伟岸。干通直，皮白色成片状剥落。叶纸质，绿色，秋叶黄色，白杆与黄叶交相辉映，十分美观。冬季干皮更加清白，于丛林中十分醒目，观赏性强。喜冷凉气候，适宜山区种植。

适栽区域　北京以北常见栽培。

栽培要点　在平原处于背荫处或建筑东北侧或北侧种植生长良好。病虫害少，栽培容易，忌修剪，播种繁殖。

应用配置　公路、公园、造林绿化等，可用于庭院栽培。

98. 红叶桦 *Betula utilise*

生物学特性　高大乔木，树姿挺拔，清秀伟岸。干通直，皮白色成片状剥落。叶纸质，绿色，秋叶红色，白杆与红叶交相辉映，十分美观。冬季干皮更加清白，于丛林中十分醒目，观赏性强。喜冷凉荫蔽环境，适宜山区种植。

适栽区域　北京及以南地区常见栽培。

栽培要点　（1）播种、嫁接繁殖。（2）在平原处于背荫处或建筑东北侧或北侧种植生长良好。（3）忌修剪。修剪后修剪枝条易干枯死亡。（4）北京防曝晒。大田栽培易于夏季缠草绳等防裂干。

应用配置　公路、公园、造林绿化等，可用于庭院栽培。

金缕梅科　枫香属

99. 北美枫香　*Liquidambar styraciflua*

生物学特性　原产北美，大型落叶乔木树种，树高可达30米，幼年树冠塔状，成年后广卵形，小枝通常有木栓质翅。叶互生，宽卵形，掌状5~7裂，春夏叶色浓绿，秋季叶色变为黄色、紫色或红色，落叶晚，有时宿存。适应性强，喜湿润温暖气候。喜微酸土壤，但在碱性土壤中能生存。片植、列植、孤植欣赏。

适栽区域　北京及以南地区栽培。

栽培要点　在北京地区可稍加防护，（1）播种繁殖或嫁接繁殖。（2）北京需种植于稍荫背风处。可安全越冬。

应用配置　可用于公路、公园、造林绿化等，可用于庭院栽培。适与常绿植物或密冠乔木混栽。

山茱萸科　山茱萸属

100. 山茱萸　*Cornus officinalis*

生物学特性　落叶灌木或小乔木，高达 5m 左右。叶对生，纸质。伞形花序生于枝侧，小花黄色，两性，先叶开放，花期 3—4 月。核果长椭圆形红色，果期 9—10 月。秋季叶色变红，观赏性强。耐阴又喜充足的光照。喜排水良好中性土壤，在稍碱性土壤中可正常生长。病虫害少。

适栽区域　北京及以南地区常见栽培。

栽培要点　（1）播种、扦插繁殖。（2）宜栽培于富含有机质、肥沃的沙壤土中。北京夏、秋季干旱需补水。（3）宜生萌蘖，根据需要及时去除或是栽培成多干型。（4）移植前需先断根培养，再移植可提高成活率，并加强树上修剪。

应用配置　公路、公园、造林绿化等，可用于庭院栽培。

胡颓子科　胡颓子属

101. 俄罗斯沙枣　*Elaeagnaceae angustifolia*

生物学特性　高大乔木，冠近圆形，小花黄色。小叶细长似柳，小枝细长密致，小枝及叶背均具白毛，老皮黑褐色，干皮细纵列旋转型，条状剥落。小果豆状，灰白。抗逆性强，耐干旱、耐瘠薄。在极度缺水易造成顶尖枯梢。

适栽区域　北方广大地区均可栽培。

栽培要点　（1）播种或扦插繁殖。（2）栽培于向阳、排水良好的沙质壤土中，石灰质土壤栽培可正常生长。（3）过于干旱易枯梢，根部萌生枝条，及时剪除，及时补水。

应用配置　适宜做背景树或单独栽培。宜做公园、山区绿化应用。

三、常绿灌木类

小檗科　南天竹属

102. 红叶南天竹　*Nandina domestica* “hong ye”

生物学特性　常绿小灌木，株高 1.2~2.0m。小花白色，枝叶紧密，树形紧凑，叶革质，叶狭长似竹叶，秋季及冬季叶色鲜红色，秋果红色，经冬不落且果量大，观赏性极强。南天竹性喜温暖湿润气候。适应性强，耐 -10℃左右低温，耐土壤瘠薄，耐盐碱和干旱，耐荫，不耐干热风。

适栽区域　北京以南地区均可栽培。北京地区适宜栽培于背风耐荫处。

栽培要点　（1）可扦插繁殖，于 6 月剪插穗，全光雾扦插，如于室内扦插，温度控制在 25~30℃之间，湿度 90% 以上，室内一周浇水一次，60d 左右即可生根。（2）移植区宜选择背风、水分充足区域种植。（3）冬季防护措施有：地表覆土 20cm，增加秸秆或落叶等覆盖物，增施农家肥，搭设遮荫和防风障，形成背风耐荫处，不宜使用无纺布等材料包裹防寒。

应用配置：可应用于公园、庭院。宜植于隅角石边。与常绿针叶植物或竹等翠绿植物搭配。

红叶南天竹叶色　　果　　群

柏科　刺柏属

103. 金叶鹿角桧　*Juniperus×media* "Pfitzeriana Aurea"

生物学特性　匍匐状常绿小灌木，成年植株高1.5~2.0m，枝叶繁密，呈放射状，先端枝条略微下垂，叶为刺叶，入夏后植株上部小枝及针叶现金黄晕，下部枝叶仍保持绿色，冬季气温下降后稍红色。适应性强，喜光照充足排水良好沙质壤土，能耐寒、稍耐荫，耐旱。

适栽区域　北京及以南地区。

栽培要点　(1)扦插繁殖容易。(2)移植易于春季、雨季进行。(3)光照不足宜返绿，叶色不足。

应用配置　宜植于路边、石边、公园林缘处。配置于阔叶林下前景，或与高杆开花地被搭配。

104. 金叶疏枝 *Juniperus cummunis* “Depressa Aurea”

生物学特性 欧洲刺柏品种，匍匐状常绿小灌木，枝叶繁密，先端枝条向下微垂，叶为刺叶，成年植株高0.5~0.8m，株型为开心形，在生长季（5—11月）整株呈现金黄色，冬季气温下降后稍红色。喜光照充足忌强光，喜温暖湿润气候，喜排水良好沙质壤土，能耐寒、稍耐荫，稍耐旱耐瘠薄。

适宜栽培地区 北京及以南地区。

栽培要点 （1）可扦插繁殖。（2）置于光照充足排水良好地段。（3）冬季叶色变褐为正常现象。

应用配置 石边、路边、林缘。与深绿色或稍高的开花植物搭配。

（摘自网络—花卉报）

柏科　圆柏属

105. 森蓝铺地柏　*Sabina procumbens*

生物学特性　铺地型灌木，鳞叶无刺叶，生长量小，叶微蓝色，越冬时叶色变褐。适应性强，喜温暖湿润气候，能耐寒，耐干旱，耐瘠薄，耐半荫。

适栽区域　适应性强，北方大部分地区均可栽培。

栽培要点　（1）可扦插繁殖。（2）可高接于桧柏或侧柏上栽培成高接植物，提高观赏角度。（3）高接植物栽培初期宜适当修剪，避免造成折断或损伤。

应用配置　应用于石边、路边、林缘。与浅绿色地被及稍高的开花植物搭配。

106. 洒金柏 *Sabina chinensis* (L.) Ant. cv. Aurea

生物学特性 侧柏变种，常绿灌木，株高约1~2m。枝叶紧密，树冠自然近球形，表层枝叶金黄色，有光泽，观赏性强。喜光，喜温暖湿润气候，稍耐荫，耐干旱，稍耐碱，不耐高温，耐寒性一般，北京越冬需置于小气候内。

适栽区域 北京及以南地区，背风向阳处。

栽培要点 （1）扦插繁殖。（2）种植时宜选择背风向阳区域。（3）培肥土壤，增加有机质含量。（3）冬季防护措施：挡风遮阳。

应用配置 可做花境材料。石边、路边、林缘。宜形成色带观赏，或与深绿色草坪搭配。

107. 花叶地柏

生物学特性 铺地形，黄绿叶色相间，冠圆成球形，多高接栽培，形成高低错落之感，观赏性强。适应性强，喜光、耐旱，耐瘠薄土壤，稍耐寒。喜排水良好、光线充足环境，病虫害少，可粗放管理。

适栽区域 北方大部可栽培。

栽培要点 （1）可扦插繁殖。（2）嫁接繁殖，砧木可为龙柏亦可为桧柏、侧柏等。因砧木不同，也会产生叶色与形态上的相应的变化。

应用配置 颜色与高大乔木配置形成比较，或与石或地被类配植，效果宜佳。

四、落叶灌木类

漆树科　黄栌属

108. 黄栌—紫霞　*Cotinus coggygria* "Zixia"

生物学特性　黄栌变种，叶片常年紫红色，叶片及枝条被灰色柔毛，髓心呈紫色，花期6月，量大，似一层紫色云烟，观赏性强。适应性强，耐干旱、瘠薄，在盐碱沙质壤土生长良好。冠幅宽大，可片植、孤植、列植。

适栽区域　北京以南地区栽培。

栽培要点　（1）嫁接或埋条繁殖。（2）幼苗期需稍防寒，2~3年后可自然越冬。（3）可作灌木及独干两种模式栽培，注意修剪需加强管理。培养独干苗时，需保持主干明显，幼时可加支柱加固主干直立，侧枝疏除。培养丛生观赏时，注意保留合理分枝，避免过多，影响冠形及生长条件。（4）移植苗宜栽培于沙质壤土中，株行距宜稍大，保证通风透光。（5）北京地区初栽时注意防风。

应用配置　与绿色草坪或低矮地被花从中配置，株距宜大。可用于公园、街头绿化。

花

夏叶

秋叶

109. 美国黄栌 *Cotinus coggygris* "cinerea"

生物学特性 黄栌变种，喜温暖湿润气候，高可达3~5m，北作从生灌木栽培，新生叶片红色，老叶转绿，秋季叶色深红色。可片植、孤植、列植。

适栽区域 北京以南地区栽培。

栽培要点 （1）可扦插、嫁接繁殖。（2）栽培需选择通风透光好土壤松软排水良好地段。（3）不耐春季干旱风吹有时抽条，宜栽培于背风向阳处。（4）生长量较大，可栽培成乔木，株间保留较大空间。做乔木栽培应及时修除根部萌蘖，保持主干良好生长。（5）北京地区初栽时注意防风。

应用配置 可用于公园、街头绿化。可于林缘、墙边、郊野公园中应用。

110. 欧洲黄栌 *Cotinus coggygria* “Atropurpureus”

生物学特性 美国黄栌的变种类型，又名红叶树、烟树，原产美国。春季其叶片为鲜嫩的红色或紫红色，妖艳欲滴；夏季其上部新生叶片始终为红色或紫红色，下部叶片渐变为绿色，远看色彩缤纷；秋季叶片全鲜红，观之如烟似雾，美不胜收，故有“烟树”之称。片植应用。

适栽区域 北京以南地区栽培。

栽培要点（1）扦插繁殖。（2）生长较快，种植时注意株距，保留合理空间，避免过密影响生长，增加病虫害。（3）不耐春季干旱及风吹，易抽条，宜种植于背风处向阳处，早春及时补水。（4）北京地区初栽时注意防风。

应用配置 可用于公园、街头绿化。可于林缘、墙边、郊野公园中应用。

忍冬科　锦带花属

111. 锦带－金叶　*Weigela florida* "Gold Rush"

生物学特性　为红王子锦带芽变类型。灌木，叶长椭圆形，嫩枝淡红色，老枝灰褐色。小灌木，丛生，冠幅呈圆形。枝条较密，整个生长季叶片为金黄色，夏季下层老叶色稍绿。花红色，花冠漏斗状钟形，花量大花期长，可从6月一直观赏至秋，观赏性极强。

适栽区域　北京、辽宁、吉林、内蒙古自治区、甘肃等地均可栽培。

栽培要点　(1)扦插或分株，夏季嫩枝扦插，或秋后硬枝扦插。(2)种植于沙质壤土，夏季6月时花期，正值干旱时需及时补水。(3)适当修剪。

应用配置　可片植，用于公园、街头绿化。可于林缘、墙角、花境、花坛中应用。

112. 锦带—金花叶 *Weigela florida* “Variegata”

生物学特性　小灌木，丛生，株丛紧密，株高1.5~2m，冠幅呈圆形。单叶对生，椭圆形或卵圆形，叶缘为白色至黄色，花1~4朵组成聚成花序生于叶腋及枝端，花冠钟形，紫红至淡粉色，花量大花期长，色彩秀丽，蒴果柱形。较耐阴，耐寒，耐旱，怕积水，耐修剪，能适应多种土壤及生存环境。片植观赏效果好。

适栽区域　北京、辽宁、吉林、内蒙古自治区、甘肃等地均可栽培。

栽培要点　（1）扦插或分株繁殖。（2）早春萌动前将裸根栽培，入冬浇封冻水一次，春季开花后可修剪一次。（3）夏季干旱时需及时补水。

应用配置　用于公园、街头绿化。可于林缘、墙角、花境、花坛中应用。

113. 锦带一紫叶 *Weigela florida* "Alexandra"

生物学特性 小灌木，丛生，冠幅呈圆形。枝条较密，叶片金黄，夏季叶色稍绿。花红色，花量大花期长，可从6月一直观赏至秋。片植，观赏性极强。

适栽区域 北京、辽宁、吉林、内蒙古自治区、甘肃等地均可栽培。

栽培要点 （1）扦插繁殖。（2）在北京冬季易抽条，第一年栽培时注意培土防风，或选择背风处栽植。（3）秋后控水，及早木质化有利于越冬防止抽条。

应用配置 用于公园、街头绿化。可于林缘、墙角、花境、花坛、切花插花应用。

蔷薇科　风箱果属

114. 风箱果—金叶　*Physocarpus opulifolius* “Dart Gold”

生物学特性　无毛风箱果的变种，落叶灌木，叶片三角状卵形，缘有锯齿，光照充足时叶片颜色金黄，而弱光或荫蔽环境中则呈绿色。花白色，果在夏末时呈红色。片植。培温暖湿润气候。

适栽区域　北京、辽宁、吉林、内蒙古自治区、甘肃等地均可栽培。

栽培要点　性喜光，耐寒，耐瘠薄，耐粗放管理，秋后注意控水，避免春季抽条。

应用配置　用于公园、街头绿化。可于林缘、墙角、花境、花坛、插花中应用。

115. 风箱果—紫叶 *Physocarpus opulifolius* “summer Wine”

生物学特性 原产北美，落叶灌木，株高 1~2m，叶片生长期为紫红色，落前暗红色，三角状卵形，缘有锯齿，花白色，直径 0.5~1cm，花期 5 月中下旬，顶生伞形总状花序。果实呈卵形，果外光滑。适应性强。性喜光，荫蔽环境中呈暗红梅色，叶花果均有观赏价值。

适栽区域 北京及以南地区栽培。

栽培要点 （1）扦插繁殖（2）冬季初次栽培注意防风，有时抽条。宜栽培于背风向阳处，秋季控水。（3）春季可修剪，疏除过密杂乱枝条，促进分枝全理，通风透光，生长良好。

应用配置 用于公园、街头、庭院绿化。可孤植，或与其它地被、灌丛配合，应用于林缘、墙角、花境、花坛、切花插花等。

忍冬科　接骨木属

116. 接骨木一金叶　*Sambucus Canadensis* “Aurea”

生物学特性　多年生落叶灌木，高度可达3~4m左右。春叶金黄，老叶黄绿色，株形丰满，白色顶生聚伞形花序。浆果状核果，红色，果期6—8月，观赏性强。适应性强，抗寒性强，喜光线充足、松软富含腐殖质而湿润的土壤。片植。

适栽区域　北京及以南地区栽培。

栽培特点　（1）嫩枝扦插繁殖。（2）生长较快，枝条易弯曲，需及时进行修剪及保留适当枝条。（3）栽培于背风区域，不用防寒防风，如风大地段，则栽培前几年须适当防风。

应用配置　可用于公园、街头、庭院中。于林缘、墙角、花境、溪边均可应用。也可用于遮挡之绿篱。

117. 接骨木—金裂叶 *Sambucus racemose* “plumosa Aurea”

生物学特性 落叶灌木，树皮暗灰。枝叶茂密，奇数羽状复叶，叶裂较深，叶片细碎似羽毛。花白色至淡粉色，花4—5月，观赏性强。核果近球形，红色或蓝紫色。花、果、叶均具有较高的观赏价值。喜光喜湿，能稍耐荫，耐寒，能耐干旱瘠薄，在稍碱土壤上生长良好，宜栽于沙质壤土中，病虫害少，可粗放管理。

适栽区域 北京、辽宁、吉林、内蒙古自治区、甘肃等地均可栽培。

栽培要点 （1）扦插繁殖。（2）及时修剪，适当疏枝，去除过密枝条。

应用配置 可用于公园、街头、庭院中。于林缘、墙角、花境、溪边均可应用。

山茱萸科　梾木属

118. 红瑞木　*Swida alba* “Opiz”

生物学特性　中大型灌木，多枝丛生，枝直立，高可达2~3m。树皮暗红色，小枝血红色，幼时被灰白色短柔毛和白粉。叶对生，卵形或椭圆形，长5~8.5cm，下面粉绿色，侧脉4~5（6）对，两面疏生柔毛。聚伞花序伞房状，顶生；花黄白色，花瓣卵状椭圆形。核果长圆形，微扁。枝条终年红色，叶片经霜亦变红，观赏期长。喜潮湿温暖环境，光照充足条件。

适栽区域　北京、辽宁、甘肃等地均可栽培。

栽培要点　（1）播种或扦插繁殖。（2）宜栽培于背风地段。（3）春季可修剪，促进枝条色泽鲜亮。

应用配置　可用于公园、街头绿化。可作隔离及遮挡之用。

119. 红瑞木—金叶 *Swida alba* Opiz “Aurea”

生物学特性 是红瑞木变种，春叶金黄，夏叶稍绿，在阳光直射下呈淡黄色，秋叶红色，冬季枝干红色，观赏性好。

适栽区域 北京、辽宁、甘肃等地均可栽培。

栽培要点 参考“红瑞木”品种。

应用配置 可用于公园、街头绿化，或可做隔离及遮挡之用。

120. 红瑞木—粉枝主教 *Cornussericea* “Cardinal”

生物学特性 秋叶红色，变色期长。枝干随之变色，落叶后枝干粉红，颜色鲜艳，持续一整个冬季，直至春季萌发前，粉色逐渐消退成绿色。

适栽区域 北京、辽宁、甘肃等地均可栽培。

栽培要点 参考“红瑞木”品种。片植。

应用配置 可用于公园、街头绿化，或可做隔离及遮挡之用。

121. 红瑞木—金枝　*Cornussericea* “Flaviramea”

生物学特性　枝条于秋后同叶色变化，叶微红色，枝干金黄，鲜艳夺目。

适栽区域　北京、辽宁、甘肃等地均可栽培。

栽培要点　生长旺盛，耐寒，喜光，喜温暖湿润的土壤，稍耐阴。根系浅，萌蘖力强，多发条，抗水湿，稍耐盐碱。播种、扦插和压条法繁殖。

应用配置　可用于公园、街头绿化，亦可做隔离及遮挡之用。

卫矛科　卫矛属

122. 卫矛—栓翅　*Euonymus* phello manus Loes

生物学特性　落叶灌木。枝条圆柱形，有木栓翅或细槽。聚伞花序二至三回分枝，花瓣淡绿白色。花期5—7月，果期8—11月。叶厚纸质，夏季叶色深绿，秋季转红。叶色从10月开始转色，至11月旬中落叶，变色期长，叶色鲜艳，观赏效果好。适应性强，抗性强，病虫害少，喜水，注意光照。片植、孤植、列植。

适栽区域　北京及以南地区均可栽培。

栽培要点　(1) 嫁接繁殖。于生长季，取木质化并侧芽形成饱满枝条两则削切成楔形，于砧木选定设计的高度横切一刀，于切口一侧向下纵切，翘起表皮插入接穗后绑缚紧实。待接穗成活后于接口上方1~1.5cm处切断砧木，促使接穗抽生芽开始生长。(2) 耐修剪，可修剪成篱或球状、块状或各种造型树等栽培。(3) 初栽秋季控水，越冬时不能以无纺布防寒。

应用配置　可用于公园、街头、庭院绿化。可修成绿篱，亦可高接成球观赏。

123. 卫矛—火焰 *Euonymus alatus* "compacta"

生物学特性 为栽培种，落叶小灌木，株高可达1.5~3m，分枝多，树冠顶端较平整，长势较慢，树形丰满。叶片夏季绿色，秋季叶片火红色，从九月末初变色，直至11月初，观赏期长。5—6月开花，小花黄色。果期9月末，易脱落。适应性强，喜阳光充足环境，适应多种土壤类型及气候条件。抗性强，在北京可安全越冬。片植、孤植、列植。

适栽区域 北京及以南地区均可栽培。

栽培要点 （1）以扦插、嫁接、分株皆可。（2）节间短小，适合修剪造型应用。（3）栽培于光线充足地段。

应用配置 可用于公园、街头、庭院绿化。可修成绿离、遮挡之用，亦可高接成球观赏。

124. 卫矛—冬红 *Euonymus kiautschovicus* “dong hong”

生物学特性 小灌木，严冬时有时落叶，株高可达3m，芽间较短，枝条紧密，树形丰满。夏季叶片绿色，5—6月开花，小花黄色，冬季叶片呈红色，色彩鲜艳，从12月初变色，由深紫至鲜红，一月有时落叶，冬芽饱满，微红。适应性强，喜阳光充足背风环境，适应多种土壤类型及气候条件。抗性强，在北京可安全越冬。可片植、孤植、列植。

适栽区域 北京及以南地区均有栽培。

栽培要点 （1）可扦插、嫁接繁殖。（2）秋末宜前短枝条，防止冬季失水过多，造成春季叶片失水干枯。（3）背风处栽培则效果更好。

应用配置 可用于公园、街头、庭院绿化。可修成绿篱、遮挡之用，亦可高接成球观赏。

125. 扶芳藤—金边 *Euonymus fortune* “Emerald Gold”

生物学特性 藤本灌木，可沿地面、山石、屋角、树木攀爬，以做地被使用，现多做灌球高接栽培，叶金黄色，夏季老叶转黄绿色，易形成气生根，夏季强阳下稍焦叶，越冬落叶，春夏秋三季观赏性强。稍耐荫，能在多种土壤上栽培。可片植、列植。

适栽区域 北京及以南地区均可栽培。

栽培要点 （1）可扦插、嫁接繁殖。嫁接繁殖以丝绵木为砧木，可提高耐旱、耐寒、耐贫瘠能力。（2）栽培宜选择背风向阳处。（3）越冬防寒时不能以无纺布缠球，宜搭设防风障或宽松防寒设施。

应用配置 可用于公园、街头、庭院绿化，宜高接成球观赏。

木犀科　连翘属

126. 连翘一金边　*Forsythia* “Weeping”

生物学特性　连翘变种，小型灌木，枝条较长，叶卵状对生，绿色叶片边缘为金黄色，有圆形锯齿。花黄色，花期 3—4 月。耐寒性强。适应性强，喜阳光充足环境，但忌强阳曝晒。

适栽区域　北方广大地区均可栽培。

栽培要点　（1）可生于沟边、墙角，漼缝。扦插或分株繁殖。

应用配置　可用于公园、街头、庭院绿化。与其他开花植物间错开花期应用，如迎春、榆叶梅等。

127. 连翘—金叶 *Forsythia koreana* "Suwon Gold"

生物学特性 连翘变种，小灌木，枝干丛生，枝开展，枝条紧密，小枝黄色，弯曲下垂。叶对生，冠椭圆形或卵形，夏季下层叶片稍绿，秋季叶色淡黄至橙黄。小花黄色，1~3朵生于叶腋，先叶开放。蒴果卵形，7—9月果成熟。喜光，但北京盛夏强阳下叶色发白，生长减慢，强遮蔽条件下，叶色发绿，花量少，观赏性减弱，可片植、混植。

适栽区域 北方广大地区均可栽培。

栽培要点 （1）扦插繁殖。（2）栽培时选择上午光线良好，西侧宜有荫蔽处栽培为宜，大田栽培无遮荫设施时，于盛夏适当补水降温。（3）花后适当疏除枝条。使分枝强壮、枝条分布均匀；垂地长枝可适当短截，以促发新枝向上生长，提高观赏点。

应用配置 与迎春搭配或后置榆叶梅，延长观赏期，增强观赏效果。置于隅角、石边等处。公园、街头、庭院均可应用。

128. 连翘—金脉 *Forsythia suspense* "Goldvein"

生物学特性 小灌木，丛生，枝开展，拱形下垂，先花后叶。叶绿色，叶片较大，叶脉为金色，呈网纹状，十分秀丽，可作盆栽观赏。喜阳光充足，可稍耐荫，强遮蔽条件下，叶色发绿，花量少，观赏性减弱。

适栽区域 北方广大地区均可栽培。

栽培要点 （1）扦插繁殖。（2）栽培于光线充足、强阳时稍耐荫处。（3）片植。

应用配置 与迎春搭配或后置榆叶梅，延长观赏期，增强观赏效果。置于隅角、石边等处。公园、街头、庭院均可应用，可切花枝或盆栽观赏。

蔷薇科　李属

129. 麦李　*Prunsglandulosa* Thunb.

生物学特性　落叶灌木，高 1.5~2m，叶卵圆形至椭圆披针形，边有细钝重锯齿，上面绿色，下面淡绿色，两面均无毛或在中脉上有疏柔毛。花单生或 2 朵簇生，花叶同开或近同开；花瓣白色或粉红色，倒卵形，花期 3—4 月。核果红色或紫红色，近球形，果期 5—8 月。适应性强。喜光，较耐寒。

适栽区域　北方大部地区。

栽培要点　（1）扦插繁殖。（2）栽培于阳光充足地段，背风处。（3）及时疏除过密枝，整理几枝主种，以便通风透光。

应用配置　公园、街头、庭院均可应用。

蔷薇科　栒子属

130. 平枝栒子　*Cotoneaster horizontalis* “Decne”.

生物学特性　落叶或半常绿匍匐灌木，高不超过0.5m，枝水平开张成整齐两列状；小枝圆柱形，幼时外被糙伏毛，老时脱落，黑褐色。叶片近圆形或宽椭圆形，稀倒卵形，绿色，秋紫红色。花期5—6月，粉红色，果球形，鲜红色9—10月，秋叶深紫红色直至冬季，观赏性强。

适栽区域　北方大部地区。

栽培要点　（1）扦插繁殖或播种。（2）喜温暖湿润半阴环境，耐干燥、瘠薄，不耐湿热，耐寒。于林下半荫环境下栽培，稍背风环境。

应用配置　可用于公园及街头绿地。

小檗科　小檗属

131. 金边紫叶小檗　*Berberis holocraspedon* “Ahrendt”

生物学特性　中型灌木，小枝具刺，叶椭圆或卵圆形，叶色紫红至暗紫色，边缘金黄。春花黄绿色，先花后叶，秋果红色，经冬不落。适应性强，耐寒、耐旱、耐瘠薄、耐修剪。片植、绿篱、修剪成球状使用。

适栽区域　北方广大地区均可栽培。

栽培要点　（1）播种或扦插繁殖。（2）栽培于阳光充足排水良好地段。

应用配置　可用于公园、街头绿地，以群植形成色块、绿篱，于路边、墙角使用。

132. 小檗—金叶 *Berberis thunbergii* "Aurea"

生物学特性　为小檗的一个变种，落叶灌木。幼枝金黄有棱角，叶片全年金黄色，花黄色下垂，红色浆果长椭圆形。尤其是春夏之交更为鲜艳。喜光忌强光，栽培于光线充足稍半荫的背风温暖区域。

适栽区域　北京以南广大地区均有栽培。

栽培要点　（1）扦插繁殖。（2）生长稍弱，需加强水肥管理。（3）适当修剪促发新枝，使冠圆色艳。

应用配置　参考"金边紫叶小檗"品种。

槭树科　槭属

133. 茶条槭“火焰” *Acer ginnala* “Flame”

生物学特性　小乔木至大灌木，树高可达5~7m，常做灌木栽培，三叶深裂，5月小花白色或淡黄色，翅果6—10月成熟。新叶微红，夏季转绿，秋季转红橙色，10月末为最佳观赏期。适应性强，喜微酸性至中性土壤，但在碱性沙壤土中能正常生长。可片植、孤植、列植。

适栽区域　北方广大地区均可栽培。

栽培要点　（1）播种、扦插繁殖。（2）修剪注意保留3~5个分枝，使枝条分布均匀，良好生长，株形高大。果熟期及时剪除，可提高生长量及观赏效果。（3）

应用配置　置于隅角、石边、街头等处，亦可做遮挡之用。

134. 茶条槭 *Acer ginnala* “Maxim”

生物学特性 小乔木至大灌木，常做灌木栽培，三叶深裂，花 5 月，翅果 6—9 月，10 月成熟。新叶微红，夏季转绿，秋季转黄橙色。适应性强，喜微酸性至中性土壤，但在碱性沙壤土中能正常生长。可片植、孤植、列植。

适栽区域 北方广大地区均可栽培。

栽培要点 （1）播种、扦插繁殖。（2）修剪注意保留 3~5 个分枝，果熟期及时剪除，可提高观赏效果。

应用配置 公园、街头、庭院均可应用。可置于隅角、石边，亦可临水。

山茱萸科　四照花属

135. 四照花　*Dendrobenthamia japonica* “chinensis”

生物学特性　丛生大型灌木，枝干弯曲虬劲，冠圆如张开的大伞。叶片光亮，入秋变红，且留存树上达1月有余。秋果红色，经冬不落。春赏亮叶，夏观玉花，秋看红果红叶，观赏性极强。适应性强，能耐干旱、贫瘠环境，耐寒、耐荫性强，并能在多种土壤上栽培。可片植、孤植。

适栽区域　北方广大地区均可栽培。

栽培要点　(1) 播种繁殖，亦可扦插繁殖。扦插：冬季截取木质化成熟枝条剪成小段，深埋于土壤内，浇透水，春季及时进行补水，适当覆盖或遮阳，成活率98%。(2) 栽培于稍耐荫处。

应用配置　公园、街头、庭院均可应用。置于隅角、石边，公园、庭院均可应用。可于林缘种植。

虎耳草科　绣球属

136. 花叶绣球—夏爽　*Hydrangea macrophylla* "Variegata"

生物学特性　中小型灌木，株高1~1.5m左右，冠圆球状。夏季叶色绿色，边缘白色或浅黄色。花粉色至蓝色，花期5月。适应性强，能耐干旱、贫瘠环境，耐寒、耐荫性强，能在多种土壤栽培。可片植、孤植、列植。

适栽区域　北方广大地区均可栽培。

栽培要点　(1) 扦插繁殖。(2) 修剪注意保留3~5个分枝，果熟期及时剪除，可提高观赏效果。

应用配置　置于隅角、石边、街头等处，亦可做遮挡之用。

忍冬科　忍冬属

137. 蓝叶忍冬　*Lonicera korolkowi*

生物学特性　中小型落叶灌木，株高2~3m，树形向上，紧密。单叶对生，叶卵形或卵圆形，全缘。叶色独特，新叶嫩绿，老叶墨绿色泛蓝色。花朵成对腋生于花序柄顶端，有芳香味，着花繁密，花脂红色，花朵盛开时向上翻卷，状似飞燕，花期4—6月，夏季修剪后，9—10月花二次开放。浆果亮红色，果期9—10月。适应性强，对土壤要求不高。喜光、耐寒、稍耐荫、耐瘠薄、耐修剪。可片植、孤植、列植欣赏。

适宜推广地区　北方广大地区均可栽培。

栽培要点（1）扦插繁殖。（2）耐荫性极强，可于疏林下或全荫下栽培。（3）枝条繁茂，可多次修剪，做造型观赏。（4）花后修剪，可促二次开花，若花后不修剪时，则结实，秋果红色可观赏，一般育苗期不令结实。

应用配置　可应用于公园、街头绿地、庭院绿化。配置于隅角、石边、坡地等处，亦可疏林下种植。

138. 金银木—红梢 *Loniceramaackii* “HongShao”

生物学特性 中型灌木，冠圆形，小枝微紫色，新生叶紫红，老叶绿色。花5—6月，先白色后变成金黄色。秋季红果宿存，观赏性强。适应性强，喜光耐荫，耐瘠薄土壤。可片植、列植。

适栽区域 北方广大地区均可栽培。

栽培要点 （1）扦插繁殖。（2）秋季控水，避免抽条。（3）修剪注意保留3—5个分枝，如无特殊需求不用修剪。（4）栽培于具有一定光照环境，可保障枝梢红色的观赏性。

应用配置 可应用于公园、街头绿地。

忍冬科　六道木属

139. 六道木—金叶　*Abelia grandiflora* “Francis Mason”

生物学特性　矮生密丛灌木，南方常绿，北京落叶。叶长卵形，春季叶色金黄，夏季转绿。花为腋生聚伞花序或顶生圆锥花序，花白色带粉，花期5—11月。喜水，喜湿暖湿润气候。片植观赏。

适栽区域　北京以南地区均可栽培。

栽培要点　（1）扦插繁殖。（2）避强光、避风处栽培。（3）加强水肥管理。（4）小苗越冬需防风。

应用配置　公园、庭院、公司门口均可栽培。配置于隅角、石边、水池、门口等处。

忍冬科　荚蒾属

140. 天目琼花　*Viburnum opulus* calvescens (Rehd.) Hara

生物学特性　原产俄罗斯高加索与远东地区，我国东北华北多有分布。单叶三裂对生，花期5月，小花白色，芳香，夏季叶色深绿，具光泽。秋季叶片呈紫红色。核果亮红色，9—10月成熟。适应性强，适合多种不同环境，喜湿润肥沃环境。能耐荫、耐干旱、对土壤要求不严。可片植、孤植、列植，多林下应用。

适栽区域　北方广大地区均可栽培。

栽培要点　（1）扦插或播种繁殖。（2）栽培于背风稍耐荫处。（3）发芽早，落叶晚，注意水肥管理适时，冬季稍防风有时常绿。

应用配置　公园、小区、街头绿地均可应用。配置于隅角、林缘，或有做绿篱使用。

141. 稠叶欧洲荚蒾 *Viburnum opulus* “Campactum”

生物学特性 中小型灌木，株高 150~200cm 左右，冠圆球形。夏季叶色绿，秋季呈紫红至深红色。花白色，花期 5 月。果呈亮红色，量大。喜稍荫环境，忌涝耐旱、耐寒。

适栽区域 北方广大地区多有栽培。

栽培要点 （1）扦插繁殖或嫁接繁殖。（2）其他请参考“天目琼花”。

应用配置 参考“天目琼花”品种。

马鞭草科　莸属

142. 金叶莸—阳光　*Caryopteris clandonensis* "Worcester Gold"

生物学特性　丛生落叶小型灌木，高度50~70cm，枝条细弱柔软，株形丰满呈半圆形。单叶对生，叶楔形，叶面光滑，鹅黄色。聚伞花序，花冠蓝紫色，腋生于枝条上部，自下而上开放，花期6—8月。适应性强，全国各地均有栽培，耐荫，光线不足时叶色稍差，喜光线充足、潮湿温暖环境。夏季长时间干旱暴晒，叶片颜色发白，观赏性变差。耐干旱、盐碱、寒冷，忌涝。

适栽区域　北京、辽宁等区均有栽培。

栽培要点　（1）扦插或分株繁殖。（2）加强水肥管理，促进根强苗壮，防止徒长形成倒扶。（3）萌蘖力强，多次修剪可促进形成密株观赏。

应用配置：郊野公园、边坡等多有应用。可配置于林下、路边、坡地等处。

蔷微科　绣线菊属

143. 绣线菊—金山　*Spiraea x bumalda "Gold mound"*

生物学特性　原产于美国北部，枝条细密，圆冠，冠幅 50~70cm。叶菱状披针形，金黄色。由于其春季萌动后，新叶金黄、明亮，株型丰满呈半圆形，好似一座小小的金山，故名金山绣线菊。花顶生，紫红色。喜光，稍耐荫，喜排水良好肥沃土壤。强光下叶色变淡，影响观赏，忌强光直晒。

适栽区域　北京、辽宁等区均有栽培。

栽培要点　（1）扦插繁殖。（2）小苗栽培于稍荫处，加强水肥管理。（3）栽培期可适当修剪，形成密冠型。后可自然形成圆冠。

应用配置　公园、街头绿地、庭院均可栽培。圆路拐角边中山石脚旁。与其它稍高地被搭配。可与地势相佐，形成高低错落势感。

金山绣线菊叶色

金山绣线菊花

金山绣线菊株形

144. 绣线菊—金焰 *Spiraea × bumalda* “coldfiame”

生物学特性 原产于美国北部，枝条细密，圆冠，冠幅 50~70cm。春季枯枝萌生新芽紫红色，十分惊艳，叶展开后，叶色从金黄至橙红色，秋季橘黄色。极具装饰性。喜光，稍耐荫，喜排水良好肥沃土壤，忌强光直射。

适栽区域 北京、辽宁等区均有栽培。

栽培要点 （1）扦插繁殖。（2）栽培于稍耐荫处，加强水肥管理，利于快速培育苗木出圃。（3）冬末春初，枝条枯燥，不修剪，及时灌溉，可促使新芽萌发。

应用配置 公园、绿地、庭院均可栽培。与开花植物配置成或于园路拐角、石旁、边坡应用。

春芽　　株形　　叶色

叶色

秋色

145. 日本绣线菊—霓虹 *Spiraea japonica* “Neon Fiash”

生物学特性 原产日本，新叶黄色稍红，老叶绿色，秋季变深酒红色。较金山绣线菊和金焰绣线菊体形稍大，花色紫红。喜光，稍耐荫，喜排水良好肥沃土壤。病虫害少。

适栽区域 参考“绣线菊—金焰”品种。

栽培要点 （1）扦插繁殖。（2）栽培于温暖湿润、背风向阳处。（3）大田栽培冬季防风处理。

应用配置：参考“绣线菊—金焰”品种。

索　引

（以汉语拼音为序）